HARALD FUCHS

DER GEISTIGE WIDERSTAND GEGEN ROM

DER GEISTIGE
WIDERSTAND GEGEN ROM
IN DER ANTIKEN WELT

VON

HARALD FUCHS

WALTER DE GRUYTER & CO.

VORMALS G. J. GÖSCHEN'SCHE VERLAGSHANDLUNG — J. GUTTENTAG, VERLAGS-BUCHHANDLUNG — GEORG REIMER — KARL J. TRÜBNER — VEIT & COMP.

BERLIN 1938

Archiv-Nr. 33 41 38
Druck von Walter de Gruyter & Co., Berlin W 35
Printed in Germany

OTTO FRANKE

GEWIDMET

VORWORT

Der Vortrag, der auf den folgenden Seiten veröffentlicht wird, ist mit geringen Abweichungen am 29. Juni 1933 als Antrittsrede in der Aula der Basler Universität gehalten worden. Die Fragestellung ergab sich dem Verfasser aus einer Vorlesung über den 'Romgedanken', mit der er sich im Sommersemester 1931 an seine Königsberger Studenten gewandt hatte. Die späte Drucklegung des Vortrages ist um der Anmerkungen willen in Kauf genommen worden, deren Ausarbeitung infolge anderweitiger Verpflichtungen erst nach einer beträchtlichen Zwischenzeit begonnen und nur mit wiederholten längeren Unterbrechungen zu Ende geführt werden konnte. Die Unausgeglichenheit zwischen der Kürze des Vortrages und dem Umfange, den die Anmerkungen erreicht haben, sowie die nicht gewöhnliche äußere Form, in der sich diese gelegentlich darbieten, sind Dinge, die sich gewiß beanstanden lassen, mit denen aber mancher wohlbedachte Gewinn gegeben war und die darum vielleicht auch bei dem Leser ihre Rechtfertigung finden werden. Daß die Herstellung der Arbeit durch die Basler Universitätsbibliothek sehr wesentlich erleichtert wurde, sei hier mit Dank bezeugt.

Basel, im März 1938 Harald Fuchs

So machen die Römer, die der Welt Licht bringen wollen, allenthalben zuerst verwüstende Nacht; Schätze von Golde und Kunstwerken werden erpreßt: Welttheile und Aeonen alter Gedanken sinken in den Abgrund: die Charaktere der Völker stehen ausgelöscht da und die Provinzen unter einer Reihe der abscheulichsten Kaiser werden ausgesogen, beraubt, gemißhandelt .... Ihr großen edlen Seelen, Scipionen und Caesar, was dachtet, was fühltet ihr, da ihr als abgeschiedene Geister von eurem Sternenhimmel auf Rom, die Räuberhöhle, und auf euer vollführtes Mörderhandwerk hinunter sahet? Wie unrein mußte euch eure Ehre, wie blutig euer Lorbeer, wie niedrig und menschenfeindlich eure Würgekunst dünken! Rom ist nicht mehr und auch bei seinem Leben mußte es jedem edlen Mann seine Empfindung sagen, daß Fluch und Verderben sich mit allen diesen ungeheuern, ehrsüchtigen Siegen auf sein Vaterland häufte.

Herder, Ideen zur Philosophie der Geschichte
der Menschheit, Buch 14, Abschn. III.

Die Geschichte des antiken Rom ist der außerordentliche Vorgang, wie sich eine Stadt zu einem Reich erweitert und eine irdische Macht sich zum Herrschaftsbegriff für ein ganzes Weltalter vergeistigt. Auch nachdem das Reich erschaffen war, ist die Stadt Rom stets mehr gewesen als eine Hauptstadt in der geläufigen Bedeutung des Wortes. Wie das Imperium Romanum seinen Namen nicht von einem Volke oder einer Landschaft, sondern von der Stadt und ihren Bewohnern empfangen hat, so ist die Stadt ihrerseits der Inbegriff und die sichtbare Verkörperung des gesamten Reiches. Die antiken Schriftsteller sprechen nicht selten davon, wie Rom in seiner äußeren Erscheinung die unterworfene Welt abspiegelt und auf engem Raume ihre ganze Buntheit zur Anschauung bringt; aber eine tiefere Betrachtung erkannte in der Stadt zugleich das große Sinnbild, in dem sich das geistige Wesen des Reiches darstellte, den Sitz der Kräfte, die in ihm wirksam waren, den Träger seines Schicksals. In solcher Eigenschaft, als das Ur-Reich gewissermaßen oder das Reich an sich, wie man es nennen könnte, ist Rom der Mittelpunkt der Auseinandersetzungen, die von der Zeit an, da der Staat den Grenzen Italiens entwuchs, über die Berechtigung seiner Herrschaftsansprüche, und das heißt über seinen Daseinsgrund, seine Wesensart und seine Leistungen geführt wurden. Die Gedanken, die dabei geäußert sind, liegen aufgehoben in dem Glauben an die Sendung des Reiches, wie er unter den Christen der Spätantike lebendig war und wie er, gebunden immer noch an Rom selbst, den Bestand der irdischen Herrschaft um Jahrhunderte überdauert hat. Aber diese letzte gläubige Deutung läßt in ihrer bezwingenden Kraft doch kaum noch spüren, wie scharf einst der Bejahung die Verneinung gegenübergestanden hat und wie leidenschaftlich der Widerspruch war, der gegen Rom fast zu allen Zeiten seiner Geschichte erhoben worden ist.

Als die späteste der großen Staatenbildungen, die der Mittelmeerraum in der Antike gesehen hat, stand das Römische Reich von Anfang an in einer Welt, die im Besitze einer langen geschichtlichen Erfahrung war und über ein bewegliches politisches Denken verfügte. Gerade die Ereignisse, die dem Aufstieg Roms unmittelbar voraufgegangen waren, die Taten Alexanders und die wechselvollen Kämpfe seiner Erben, hatten auf das Verhältnis der Menschen zu den geschichtlichen und politischen Gegebenheiten tiefgreifend eingewirkt. Wenn von Alexander selbst behauptet werden konnte, er habe seine Erfolge nicht so sehr seiner eigenen Tüchtigkeit wie der Gunst des Glückes zu verdanken, das beschlossen hatte, ihn über alle Sterblichen zu erheben, so ließen sich entsprechend auch die Leistungen der Römer entwerten, indem ihre Siege als die zufälligen Ergebnisse des Augenblicks oder jedenfalls nur als unverdiente Geschenke der mit einem neuen Spiel beginnenden Glücksgöttin hingestellt wurden. Bereits um die Mitte des zweiten Jahrhunderts vor Christus, wenige Jahrzehnte nachdem Rom in die Staatenwelt des griechischen Ostens übergegriffen hatte, wurde von der 'pragmatischen' Geschichtschreibung die Notwendigkeit empfunden, eine solche Anschauung ausdrücklich zu berichtigen. Schon im Kampfe gegen Karthago hatten die Römer versucht, mit einer eigenen Darstellung ihres Wesens und ihrer Leistungen die vielfach falsch unterrichtete griechische Öffentlichkeit aufzuklären. Jetzt trat in Polybios ein Grieche vor die Welt, der sich im Namen der Wissenschaft gegen die irrigen Vorstellungen von der Untüchtigkeit der Römer wandte. Seine eindrucksvolle Beschreibung des kampferprobten, rücksichtslos wagemutigen und unnachgiebig zähen, dabei weitblickenden und großherzigen römischen Volkes hat es in der Tat vermocht, der Behauptung von den Barbaren, die zufällig und gegen alle Vernunft zur Macht gekommen seien, für lange Zeit jede Wirkungsmöglichkeit zu nehmen.

Gefährlicher als der Versuch, die Römer in ihren kriegerischen Leistungen vor den Völkern herabzusetzen, ist ein Vorstoß gewesen, der etwa gleichzeitig von anderer Seite aus unmittelbar gegen das römische Selbstbewußtsein gerichtet wurde. Im Jahre 156 beschlossen die Athener, zur Regelung eines politischen Falles die drei angesehensten Philosophen ihrer Stadt, den Leiter der stoischen, der peripatetischen und der akademischen Schule, nach Rom zu entsenden. Der Aufenthalt in Rom wurde von den Unterhändlern dazu benutzt, um dort in größerem Kreise das

Wesen ihrer Philosophie zur Anschauung zu bringen. Im besonderen wußte der streitbare Akademiker Karneades ein erregendes Schauspiel zu bieten. Vor einer Zuhörerschaft, in der sich die bedeutendsten Römer der Zeit befanden, sprach er in zwei Vorträgen über die alte Frage der griechischen Staatsphilosophie, ob es eine allgemeinverbindliche natürliche Gerechtigkeit gäbe. Während er in dem ersten Vortrage überzeugend nachwies, daß eine solche Gerechtigkeit allerdings bestehe, brachte er am zweiten Tage gegen diese Behauptung die stärksten Einwände vor und kam zu einer völligen Verneinung. Die einzigartige Darbietung verfolgte scheinbar nur den Zweck, den Römern die skeptische Philosophie des Karneades, die jede Möglichkeit einer sicheren Erkenntnis leugnete, in einer Probe bekanntzumachen sowie ihnen die nützliche Kunst des Wortgefechtes vorzuführen, die gerade in der Akademie bis zur Vollendung ausgebildet war. Aber das letzte Ziel des Karneades, der in Rom nicht nur als werbendes Schulhaupt, sondern vor allem auch als Grieche sprach, lag offenbar an einer anderen Stelle. Bedeutungsvoll ist schon die Wahl des Gegenstandes, an dem sich das scheinbar freie Spiel des Geistes entfaltete. Die Gerechtigkeit, die von Karneades der Betrachtung unterworfen wurde, war ein Begriff, der im Denken der Römer bisher unangetastet als einer der höchsten und verbindlichsten Werte gegolten hatte und bei seiner beherrschenden Stellung geradezu als ein Wahrzeichen der römischen Geistesart hatte aufgefaßt werden können. Denn in zwei sittlichen Leistungen sahen die Römer seit alten Zeiten die Grundlage und die Gewähr für ihre Herrschaft: in der ehrfurchtsvollen Unterordnung unter den Willen der Götter und in der gewissenhaften Beobachtung des Rechtes. Wie vorsichtig sie bei den politischen Verhandlungen darauf bedacht waren, jede Verletzung des Rechtes zu vermeiden, hatten vielfach auch die fremden Völker bemerken können, und jedenfalls den Griechen der Zeit des Karneades war es nicht unbekannt, wie sehr sich das römische Selbstvertrauen auf das Bewußtsein dieser strengen Rechtlichkeit stützte. Daß die Darbietung des Karneades von vornherein als ein Angriff geplant war, der die Römer in ihrer Selbstsicherheit treffen sollte, ergibt sich vollends aus der Reihenfolge, in der die beiden gegensätzlichen Beweisgänge vorgetragen wurden. Die umstürzende Behauptung, daß die wahre Gerechtigkeit bei keinem Volke der Erde und also auch nicht bei den Römern zu finden sei, wurde offenbar absichtlich dem zweiten Tage zugewiesen, damit sich ihre beunruhigende Wirkung ohne alle Abschwächung entfalten konnte. Die zerstörende Kraft der Zweifel, die hier in die schon vorher stark erschütterte römische Vorstellungswelt eingeführt wurden, ist von dem alten Cato, der selbst einer der Zuhörer des Karneades war, sogleich richtig erkannt worden. Er verlangte, daß die griechischen Gesandten so bald wie möglich verabschiedet würden; in ihrer Heimat könnten sie sich mit den griechischen Knaben in der Dialektik üben, die jungen Römer aber sollten wie bisher auf die Magistrate und die Gesetze hören, auch wenn diesen nach dem Urteil des Karneades die wahre Gerechtigkeit fehlte. Jedoch ließ sich, was geschehen war, nicht wieder rückgängig machen, und allein durch ein Gebot waren die gefährlichen Gedanken nicht zu bannen. Noch hundert Jahre später waren sie für Cicero eine Macht, mit der er sich auseinanderzusetzen hatte, als er den großen Versuch einer geistigen Neubefestigung des nunmehr völlig ausgehöhlten Römischen Reiches unternahm, und eben durch die Beachtung, die ihnen hier zuteil geworden ist, haben sie, sehr gegen Ciceros eigentliche Absicht, für weitere Jahrhunderte Lebenskraft gewonnen. Durch Cicero sind sie den Christen übermittelt worden, die für ihren Kampf gegen den Geist der alten Welt die wertvollste Unterstützung in ihnen fanden. Denn die christliche Anschauung, daß den Römern wie den übrigen glaubenslosen Völkern jede echte Sittlichkeit gefehlt habe, wurde in der erwünschtesten Weise bestätigt, wenn einer der Heiden selbst von den Menschen seines Weltalters gesagt hatte, ihr Handeln könne in Wahrheit nie als gerecht bezeichnet werden.

Unter den Beweisgründen, die Karneades für seine Behauptung ins Feld geführt hatte, waren manche, die schon lange vor ihm gefunden worden waren. Wenn er von den abweichenden Gebräuchen und Gesetzen der einzelnen Völker sprach, um an ihnen die Mannigfaltigkeit der verschiedenen Rechtsauffassungen darzulegen, so verwendete er Gedanken, die bereits in der Sophistik zu Worte gekommen waren. Auch die Folgerung, daß zum mindesten im staatlichen Leben stets nur die Rücksicht auf den eigenen Vorteil der Völker maßgebend sei, ist der Beweisführung der Vorgänger entnommen. Was Karneades zu solchen bereitliegenden Gedanken an Neuem hinzugetan hat, ist neben manchen wirkungsvollen Einzelheiten vor allem die schonungslose Nutzanwendung auf die besonderen Verhältnisse der Römer gewesen. Unmißverständlich war schon die Erzählung von dem gefangenen Seeräuber, der im Verhör vor Alexander dem Großen freimütig erklärte, er habe sein Handwerk auf dem Meere nach dem gleichen Rechte betrieben, das der König auf dem Lande für seine eigenen Eroberungszüge in Anspruch nähme. Aber mit voller Offenheit sprach Karneades, als er sagte, die Römer selbst wären einzig dadurch in den Besitz der Herrschaft gelangt, daß sie ihre Habgier in zahllosen Kriegen befriedigt und andauernd Unrecht begangen hätten. Wollten sie in Wahrheit gerecht sein, so müßten sie ihren früheren Feinden das geraubte Gut wieder herausgeben, zu ihren alten Hütten zurückkehren und sich damit begnügen, ihre Tage in Elend und Dürftigkeit hinzubringen. In diesen Worten, deren aufwühlende Wirkung kaum zu überschätzen ist, hat sich die griechische Anschauung von der geschichtlichen Sinnlosigkeit des Reiches nicht weniger entschieden ausgesprochen, als es in jener anderen Behauptung der Fall gewesen war, die alle Erfolge auf das blinde Walten der Glücksgöttin zurückgeführt hatte.

Während der Philosoph und während die Geschichtschreibung je mit ihren Mitteln versuchen, das Reich in seinen geistigen Grundlagen zu treffen, beschränkt sich die Volksstimmung darauf, den Römern mit derber Zurückweisung und siegesgewissem Hohn entgegenzutreten. Dabei sind älteste Formen erregter politischer Sprache verwendet worden. Der 'Peripatetiker' Antisthenes, der vermutlich zu den Zeitgenossen des Polybios und Karneades gehört, soll eine seltsame Geschichte erzählt haben. In der überlieferten Fassung, die allerdings die Merkmale einer späteren Überarbeitung trägt, lautet sie etwa folgendermaßen: Im Jahre 191 hatten die Römer den König Antiochos von Syrien bei den Thermopylen geschlagen. Nach dem Siege sammelten sie wie üblich ihre Gefallenen, brachten die verwundeten Feinde in ihre Gefangenschaft und bemächtigten sich der Beute. Plötzlich, um die Mittagszeit, als sie damit beschäftigt sind, den feindlichen Toten die Waffen abzunehmen, erhebt sich unter diesen der gefallene Reiterführer Buplagos, geht in das römische Lager und verlangt dort mit dünner Stimme, man solle die Totenschändung einstellen; schon zürne Zeus den Römern wegen ihrer Freveltaten, und zur Vergeltung werde er ein mutiges Volk nach Italien senden, das ihnen die Herrschaft entwinden werde. Die bestürzten Römer schicken nach Delphi, und, gewarnt durch den ebenfalls beunruhigenden Spruch der Pythia, beschließen sie, von allen Angriffskriegen in Europa abzulassen. Um die Götter durch ein Opfer zu versöhnen, ziehen sie nach Naupaktos, wo sich ein gemeinhellenisches Heiligtum befand. Aber hier setzen sich die schlimmen Zeichen fort. Während der Vorbereitungen zum Opfer wird plötzlich der eine der beiden Konsuln von Verzückung befallen und läßt schaurige Weissagungen hören. Zunächst gibt er in seinem Zelte eine Verkündigung in Versen. Wenn die Römer von der Verwüstung Asiens nach Italien zurückgekehrt seien, würden sie auf ihrem eigenen Boden einen furchtbaren Kampf zu bestehen haben. Aus Asien nämlich, »wo die Sonne ihren Aufgang hat«, werde ein starkes Heer unter der Führung eines Königs heranziehen, welches Italien bezwingen, seine Städte entvölkern und allen Bewohnern die Knechtschaft bringen werde. Nach diesen Worten stürzt der Konsul aus dem Zelt hervor, und, umdrängt von den erschrockenen Soldaten, hält er eine Ansprache, in der er verkündet, wie der Kampf mit Antiochos verlaufen werde. Während die Darstellung in ihrem ersten Teil durchaus zutreffend berichtet, was später wirklich eingetreten ist, weichen die Schlußworte in auffälliger Weise von den geschichtlichen Tatsachen ab. Wieder ist von dem Feldzuge die Rede, der von Asien aus gegen Italien unternommen werden wird. »Und aus Asien sehe ich nach Europa kommen Mächte mit eherner Brust und Könige, die sich zu gleichen Zielen zusammenfinden, und mannigfache Volksstämme, und ich sehe Stampfen von Rossen und Klirren von Speeren und blutigen Mord und furchtbare Plünderung und Einsturz von Türmen und Niederreißen von Mauern und unsagbare Verwüstung der Erde.« Darauf folgen nochmals Verse, die das kommende Unglück Roms behandeln. Dann begibt sich der Konsul vor das Lager hinaus, und zum Zeichen, daß seine Reden wahr gewesen seien, beschreibt er der Menge sein eigenes Ende, das noch am selben Tage eintreten werde. Nach kurzer Zeit gehen seine Worte in Erfüllung. So wie er es angegeben hat, erscheint ein großer roter Wolf und zerreißt seinen Körper. Da man die Überreste des Toten bestatten will, beginnt nun noch sein Haupt zu weissagen. Wiederum handelt es sich um die Überwindung Italiens durch Asien. Die Türme und Mauern würden zerbrochen werden, die Männer würden fallen, die Frauen und Kinder sowie aller Reichtum dem Sieger als Beute nach Asien folgen. Mit der Versicherung, daß alles, was der Konsul gesagt hatte, eingetroffen sei, schließt der Bericht ab. So befremdlich die Erzählung ist, so läßt sie sich doch, wie es scheint, wenigstens in ihrem Kerne verständlich machen. Die Erklärung wird von der Weissagung auszugehen haben, die der Konsul vor seinem Zelte den Soldaten gibt. Die Ereignisse des Krieges gegen Antiochos werden hier bis in die Einzelheiten zutreffend aufgeführt, — nur die letzten Worte, die in sehr unbestimmter Weise von dem endgültigen Siege Asiens sprechen, haben in der Geschichte keine Bestätigung gefunden. Es ist also deutlich, daß der Krieg, dessen tatsächlicher Verlauf so zuverlässig vorausgesagt wird, in Wahrheit bereits der Vergangenheit angehört. Wenn trotzdem der Anschein erweckt wird, als seien hier zukünftige Ereignisse hellseherisch geschildert worden, so wird mit diesem Kunstgriff offenbar das Ziel erstrebt, durch die Stücke der Weissagung, die sich schon erfüllt zu haben schienen, der anschließenden entscheidenden Verkündigung vom siegreichen Rachezuge des wiedererstarkten Asien eine unbedingte Glaubwürdigkeit zu gewährleisten. Die gesamte Erzählung von der Zukunftsschau der beiden gegnerischen Heerführer ist demnach als eine östliche Erfindung zu betrachten, deren Zweck es war, nach den Niederlagen des syrisch-römischen Krieges trotz allem den erhofften Endsieg Asiens in bestimmte Aussicht zu stellen.

Die Mittel, die derart von syrischer Seite verwendet wurden, um den Widerstand gegen Rom zu festigen, sind in der Welt des Ostens auch sonst gebräuchlich gewesen. Der berühmteste Fall einer solchen politischen Weissagung liegt in dem Buche Daniel vor, das etwa zwei Jahrzehnte später umgekehrt gerade gegen das Syrische Reich den Abwehrwillen des jüdischen Volkes zu beleben versuchte; auch hier ist die Erzählung reich an Wunderbarem. Daneben stehen, ohne besondere Einkleidung, die sogenannten Sibyllinischen Orakel, deren älteste, von einem alexandrinischen Juden verfaßte Weissagungen sich ebenfalls noch im zweiten vorchristlichen Jahrhundert mit den Geschicken des jüdischen Volkes sowie mit den benachbarten Ländern beschäftigen. In der überlieferten Fassung, in der freilich mit Zusätzen etwa aus der Zeit des Sulla und Mithridates zu rechnen ist, lassen diese Weissagungen an verschiedenen Stellen die gleiche schroffe Abwehr gegen die Römer zu Worte kommen, wie sie sich früher in ähnlichen Formen auf syrischem Boden ausgesprochen hatte. Von der gegenwärtigen römischen Herrschaft heißt es wie in der Rede des Karneades, daß sie durch Ungerechtigkeit und Habgier gekennzeichnet sei; daneben wird auch die Lebensführung der einzelnen angegriffen und, wie es scheint, in eigentümlich jüdischer Weise der Vorwurf der Knabenschändung erhoben. Für die Zukunft aber wird auch hier die völlige Umkehrung der bestehenden Verhältnisse vorausgesagt und der Triumph Asiens sowie die Herrschaft eines »von Sonnenaufgang« heranziehenden Königs verkündigt. Die Demütigungen, welche Rom — die Stadt als das Sinnbild des Reiches verstanden — erleiden soll, werden mit stärkster Anschaulichkeit vor Augen gehalten. »Das Geld, das Rom vom tributzahlenden Asien empfangen hat, wird in dreifacher Höhe Asien wieder aus Rom empfangen, und es wird den verderblichen Hochmut an ihm rächen. So viele aus Asien das Haus der Italer bedienten, zwanzigmal so viele Italer werden in Asien Knechtsdienste leisten in Armut, und Zehntausendfältiges werden sie jeder zu büßen haben. Rom, du weichliches, goldstrahlendes Kind des latinischen Landes, Jungfrau, oft trunken gemacht durch deine vielumworbenen Ehen, als Magd wirst du zu deinem Bräutigam kommen nicht im Schmuck, und oft schert dir dein weiches Haar die Herrin, und Recht verwirklichend wird sie dich vom Himmel zur Erde werfen, und von der Erde wiederum hebt sie dich zum Himmel empor.«

Von der künftigen Vernichtung der römischen Herrschaft hat man jedoch nicht nur im romfeindlichen Auslande gesprochen. In der Not des hundertjährigen Bürgerkrieges begannen auch die Römer selbst sich mit den Vorstellungen vom Ende der Stadt und des Reiches zu beschäftigen, ein Zeichen seelischer Zermürbung, das um so mehr besagt, als gerade der römische Staat von alters her im Glauben an seine ewige Dauer lebte. Zwei Jahre vor dem Ausbruch der catilinarischen Verschwörung hat Rom von etruskischen Zeichendeutern die Verkündigung seines Unterganges entgegennehmen müssen, der nur durch besondere Sühnungen aufgehalten werden könne, und eine ähnliche Weissagung gab auf der anderen Seite den Verschworenen das Bewußtsein, mit der Zertrümmerung des Staates ein vorbestimmtes Schicksal zu vollstrecken. An die Überwindung dieser Hoffnungslosigkeit hat

Cicero seine Kraft gesetzt, ohne daß es ihm gelang, der gefährlichen Stimmung völlig Herr zu werden. Wie sehr die Gedanken auf den Untergang des Reiches gerichtet blieben, läßt eine Äußerung Sallusts erkennen, der in dem zweiten seiner Sendschreiben an Caesar (vom Jahre 46) die Notwendigkeit des inneren Friedens mit folgenden Worten begründet: »Ich bin dieser Meinung: Da alles, was entstanden ist, untergehen muß, wird auch die Stadt Rom dereinst vom Schicksal der Vernichtung betroffen werden. Zu der Zeit, da das sein wird, werden die Bürger sich im Bruderkampfe zu morden versuchen, und so, ermattet und ausgeblutet, werden sie einem König oder einem fremden Volke zur Beute fallen. Anders wird nicht der gesamte Erdkreis und nicht die geballte Masse der Völker dieses Reich zu erschüttern oder zu zerschlagen vermögen.« Wenn hier davon die Rede ist, daß Rom am Ende seiner Geschichte einem König oder einem fremden Volk zur Beute fallen werde, so erinnert man sich an jene Drohungen des Ostens, in denen die Vernichtung Roms durch Asien und seinen König vorausgesagt wurde. Es spricht vieles dafür, daß auch die Prophezeiung, auf die Sallust hier Bezug zu nehmen scheint, in erster Linie an Asien dachte, das gerade damals in der Königsmacht der Parther wie kurz zuvor in der des Mithridates einen gefürchteten Gegner hervorgebracht hatte. Der Sieg Asiens, der früher nur eine Hoffnung der Feinde Roms gewesen war, ist, wie man annehmen darf, nun auch in Rom selbst zu einer beängstigenden Vorstellung geworden.

Mit der Ermordung Caesars schien die römische Welt endgültig dem Untergang verfallen zu sein. Der Bürgerkrieg, nach Sallusts Worten ein Anzeichen der letzten Dinge, war so grauenvoll wie nur je zuvor. In der Verzweiflung dieser Tage hat Horaz sein erstes großes Gedicht geschrieben. Sein Gegenstand ist Rom, die Stadt, in der sich ihm das Reich verkörperte, für das er noch vor kurzem mit der Waffe gekämpft hatte. Auch Horaz spricht von dem Ende des Staates. Wie Sallust erwartet er, von den Weissagungen der Zeit wohl ebenfalls nicht unberührt, daß Rom einem fremden Volk zur Beute fallen wird, nachdem die Bürger sich selbst in gegenseitiger Vernichtung aufgerieben haben. Aber während noch Sallust es unbestimmt gelassen hatte, wie nah oder fern das Ende sei, dem das Reich wie »alles Entstandene« entgegengehe, sieht Horaz den Untergang sich bereits unmittelbar vor seinen eigenen Augen vollziehen. »Ein zweites Geschlecht schon ermattet sich in Bürgerkämpfen, und durch seine eigene Kraft stürzt Rom. Nicht das wilde Germanien mit seiner blauäugigen Jugend, nicht Hannibal, der Greuel der Eltern, hat Rom überwältigen können; seinen Untergang werden wir selbst herbeiführen, ein gottloses Geschlecht verfluchten Blutes, und wieder werden wilde Tiere diesen Boden in Besitz nehmen: der Barbar wird als Sieger seinen Fuß auf die Brandstätte setzen und die Stadt mit dem klappernden Huf seiner Pferde schlagen, und im Siegesrausche wird er die Gebeine des Romulus zerstreuen.« Es ist für Horaz bezeichnend, daß er der Zwangsläufigkeit des Schicksals sogleich den Willen zur Selbstbehauptung entgegenstellt. Die Form, in der sich sein Widerstand zur Geltung bringt, ist allerdings überraschend. Die Römer sollen den Entschluß fassen, auszuwandern und auf den Inseln der Seligen ein neues Leben zu begründen, mitten im Ozean, wo Juppiter, als er die goldene Urzeit zu Ende gehen ließ, für die Frommen ein Stück Land absonderte, das noch jetzt die gesegnete Fülle der ersten Tage genießt. Der eigenartige Vorschlag, der einen Gedanken östlicher Endzeiterwartung aufzugreifen scheint, rechnet nicht auf wörtliche Befolgung. Der Auszug aus Rom ist eine Vorstellung, die der Wirklichkeit nicht weniger fern ist als das Traumland, in dem die neue Heimat gesucht werden soll. Das Wesentliche ist die Gesinnung, die innere Befreiung von Rom. Schärfer aber als in dieser bedingungslosen Preisgabe hat der Widerstand gegen Rom nicht Ausdruck gewinnen können. Dabei ist der Blick zunächst allein den Vorgängen selbst zugewendet, in denen sich die Vernichtung vollzieht. Die Frage nach den Ursachen der Not wird nicht gestellt. Eine solche tiefere Betrachtung bietet erst ein zweites Gedicht, das wenig später unter dem Eindruck neuer erschütternder Ereignisse niedergeschrieben ist. Wieder nimmt Horaz die Haltung des altgriechischen Dichters an, der seine Verse an die versammelte Bürgergemeinde richtet. »Wohin, wohin stürzt ihr Unseligen? Oder warum greifen eure Hände zu den Schwertern, die eben erst geborgen sind? . . . Reißt blinder Wahnsinn euch fort, eine stärkere Gewalt oder Schuld? Gebt Antwort! Sie schweigen, weiße Blässe überzieht ihr Antlitz, und auf ihrem betroffenen Gewissen liegt es wie ein Bann. So ist es: ein furchtbares Verhängnis treibt die Römer und das Verbrechen des Brudermordes, seitdem das unschuldige Blut des Remus zu Boden geflossen ist als Fluch für die Enkel.« Aus den Leiden der Gegenwart erwächst hier eine neue Deutung der Geschichte. Die Tat des Romulus erscheint als der Urfall aller Morde, welche Römer an Römern begehen; zugleich ist sie die Urschuld, die seit dem Tage der Gründung das Schicksal Roms bestimmt. Wenn aber später der Beginn des Verhängnisses in noch fernerer Vergangenheit, bei der durch Götterbetrug erlangten Ummauerung Troias, gesucht wurde, so läßt eben diese Übersteigerung nur um so deutlicher die Ursprünglichkeit und die Tiefe der horazischen Betrachtung erkennen.

In jenem ersten Gedichte, das die Absage an das gegenwärtige Rom enthielt, hatte Horaz seine Mitbürger aufgefordert, mit einem mutigen Entschluß die Stadt preiszugeben und auf den Inseln der Seligen ein neues Leben zu begründen. Zu den vielfältigen Voraussetzungen dieses Aufrufes gehört vor allem auch die Tatsache, daß der Gedanke einer freiwilligen Preisgabe Roms den Bürgern bereits seit längerer Zeit vertraut gewesen ist. Horaz scheint im besonderen an das Vorhaben des Freiheitskämpfers Sertorius erinnern zu wollen, der, wie man zu wissen glaubte, in der Ruhelosigkeit seiner Unternehmungen einen Augenblick erwogen hatte, allem Streit zu entfliehen und fern in der 'seligen' Welt der Kanarischen Inseln ein Leben des Friedens zu beginnen. Aber Sertorius war nicht der einzige, in dem sich damals eine grundsätzliche Abkehr von Rom vollzog. Bereits zehn Jahre zuvor war bei den italischen Völkern, die im Kampfe um ihre Gleichberechtigung standen, die Auflehnung so mächtig geworden, daß sie den Entschluß faßten, ein Gegen-Rom zu schaffen, das vermutlich nicht nur für die nächste Zukunft die Führung des verbündeten Italien innehaben sollte. Die Wahl fiel auf Corfinium, das im Osten der Halbinsel fast auf der gleichen Höhe wie Rom gelegen war; wirklich ist die Stadt, deren Ansprüche ihr neuer Name Italia zum Ausdruck brachte, wenigstens eine Zeitlang die zweite Hauptstadt Italiens gewesen. Kaum ein Menschenalter später hat Cicero den Römern erklärt, es drohe in Capua »ein zweites Rom, ein neuer Sitz der Herrschaft« zu erstehen. Er suchte damit vor einem gerade eingebrachten Siedlungsgesetz zu warnen, das unter anderem auch eine Aufteilung des kampanischen Staatslandes vornehmen wollte. Den Urhebern des Antrages unterstellte er, daß sie aus Feindschaft gegen Rom handelten und daß ihre wahre Absicht dahin gehe, »den Staat« nach Capua zu verlegen und dort »den Sitz eines neuen Reiches, ein Bollwerk gegen den alten Staat« zu errichten. Wie weit solche Bestrebungen damals in der Tat lebendig waren, läßt sich schwer beurteilen; aber daß mit ihnen auch nur gerechnet werden konnte, ist bedeutsam genug. Die Preisgabe der Stadt ist diesem Geschlechte ebenso wie ihr Untergang eine gegenwärtige Vorstellung: Rom hat aufgehört, seinen Bürgern ein unantastbarer Boden zu sein. Auch von Caesar sagte man, er habe geplant, den Sitz der Herrschaft zu verlegen. Freilich blieb es ungewiß, welchen Ort er als Hauptstadt ausersehen hatte; man dachte an das wichtige Alexandrien und an die alte Heimat, an Troia. Noch bis in die Zeit des Augustus hat der Widerstand gegen Rom, der die Preisgabe der Stadt forderte, zu Erörterungen Anlaß gegeben. Aber die Gegnerschaft wird nun von dem neuen Staatsbewußtsein überwunden. Wie stark die Kraft ist, die von diesem ausgeht, zeigt sich vielleicht am überzeugendsten darin, daß jetzt gerade Horaz es unternimmt, Rom gegen jede Beeinträchtigung zu verteidigen. In der dritten der sogenannten Römeroden läßt er am Beginn der römischen Geschichte Juno in feierlicher Rede vor den versammelten Göttern die Erklärung abgeben, sie werde den Haß, mit dem sie Troia verfolgt hatte, auf Rom nicht übertragen und seinem Aufstieg zur Größe kein Hindernis bereiten, sofern die Römer sich damit abfänden, daß die Stadt ihrer Ahnen für alle Zukunft verödet bliebe. Mit solchen Worten wendet Horaz sich offenbar gegen die Stimmen seiner eigenen Zeit, die von dem Wiederaufbau und der Erhöhung Troias sprachen oder gesprochen hatten; es ist nicht unmöglich, daß er dabei im besonderen an Antonius dachte, der in der angemaßten Nachfolge Caesars auch den Plan, die Hauptstadt in den Osten zu verlegen, aufgegriffen zu haben scheint. Zugleich aber gelingt es Horaz, indem er die Schuld des troischen Herrscherhauses durch die dauernde Verödung Troias gesühnt sein läßt, auch die Vorstellung von dem Fluch, der sich auf Rom vererbt haben sollte, zu überwinden. Ähnlich wie Horaz verfährt Livius, wenn er dem römischen Feldherrn Camillus nach der Vertreibung der Gallier eine große Rede zuweist, in der er das Volk vor dem Plane warnt, das niedergebrannte Rom preiszugeben und in das benachbarte Veji überzusiedeln. Sichtlich wehrt Livius damit

Bestrebungen ab, wie er selbst sie in der Gegenwart sich geltend machen sah. Auch die Gründe, die er den Camillus vorbringen läßt, um die Preisgabe Roms zu verhindern, entnimmt er dem Gedankengut seiner eigenen Zeit. Es entspricht ganz der augusteischen Staatsauffassung, wenn Camillus vor allem an die Verpflichtungen erinnert, die in Rom den Göttern gegenüber bestehen. In der Tat hat die Stadt ihre Herrscherstellung so lange behauptet, wie der Glaube an die alten Götter lebendig blieb. Erst als das Christentum sich des Staates bemächtigt hatte, war der Augenblick gekommen, um den Plan, den das Geschlecht der Bürgerkriege erwogen, aber nicht ausgeführt hatte, in die Wirklichkeit umzusetzen: im Jahre 324 wurde das neue Rom als die Stadt des Kaisers Konstantin gegründet.

In dem Werk des Livius findet sich noch an einer zweiten Stelle eine bemerkenswerte Auseinandersetzung mit dem Geschehen und den Stimmungen der Gegenwart. Die Bewährung der Römer in den schweren Kämpfen mit den Samniten gibt Veranlassung, die Frage zu erörtern, ob Rom damals auch dem berühmtesten Feldherrn der Zeit, Alexander dem Großen, würde standgehalten haben, wenn dieser nach der Bezwingung Asiens sich gegen Europa gewandt hätte. Ein genauer Vergleich der Kräfteverhältnisse führt zu dem Ergebnis, daß Alexander den Kampf mit Rom niemals hätte gewinnen können. Als unbeherrschter und überheblicher asiatischer Großkönig wäre er mit einem verweichlichten Heere in Italien gelandet, und allein auf sich selbst gestellt, ohne jede Möglichkeit des Ersatzes, hätte er bereits nach der ersten Niederlage den ganzen Krieg verloren geben müssen; sein Tod vollends würde für die Soldaten einen Verlust bedeutet haben, der sich in keiner Weise hätte ausgleichen lassen. Einem solchen Feinde wäre Rom damals nicht nur durch die Zahl und die Kampfkraft der Truppen überlegen gewesen, sondern vor allem auch durch seinen Reichtum an erprobten Feldherren, deren jeder an Begabung, Kriegserfahrung und persönlicher Tapferkeit auch dem noch unverdorbenen Alexander durchaus ebenbürtig gewesen wäre. Wenn man aber darauf hingewiesen habe, daß Alexander in allen seinen Feldzügen nicht ein einziges Mal besiegt worden sei, während die Römer im Verlaufe ihrer Geschichte zahlreiche Niederlagen erlitten hätten, so wäre dem entgegenzuhalten, daß sich das früh beendete Leben des jugendlichen Königs und die langen Jahre der römischen Geschichte von vornherein nicht gleichsetzen ließen; dabei aber habe es auch in Rom immer wieder einzelne Heerführer gegeben, die sogar trotz der erschwerenden republikanischen Staatsverfassung aus sämtlichen Schlachten siegreich hervorgegangen wären. Daß Livius mit diesen Bemerkungen nicht nur im allgemeinen den Zweck verfolgte, irrige Anschauungen zu widerlegen, sondern daß es ihm darauf ankam, einen ganz bestimmten Gegner zu überwinden, läßt er bei Gelegenheit unzweideutig erkennen. Dort nämlich, wo er mit besonderer Entrüstung den Gedanken zurückweist, daß Rom nicht einmal »die Majestät des Namens Alexanders« würde ertragen haben, sagt er ausdrücklich, daß er einen »gewissenlosen Griechen« bekämpfe, der aus Feindschaft gegen die Römer sogar für den Ruhm der Parther tätig sei. Die Kennzeichnung des Gegners, in der die Erwähnung der Parther zunächst nicht ohne weiteres verständlich ist, hat ein Seitenstück in den Worten eines gleichzeitigen griechischen Gelehrten. Dionys von Halikarnass begründet seinen Entschluß, ein Werk über die Anfänge Roms zu verfassen, mit der Tatsache, daß dieser Abschnitt der Weltgeschichte den Griechen weithin nur in völlig entstellter Form bekannt sei. Während er selbst, der im Geiste der augusteischen Reichskultur lebt, beweisen zu können glaubt, daß die ersten Bewohner Roms griechischen Stammes gewesen seien, wie dieses neben der geschichtlichen Überlieferung auch gewisse Gebräuche und die dem Äolischen verwandte Sprache zeigten, sieht er sonst in der Welt die Auffassung verbreitet, daß die Stadt sich aus einer Siedlung heimatloser Nomaden entwickelt habe, die barbarischen Blutes und nicht einmal freie Männer waren. Als Ursachen aber für den Aufstieg Roms findet er die gleichen genannt, mit denen schon Polybios sich zu beschäftigen hatte: das Glück und den Zufall, die den höchsten Preis stets den Allerungeeignetsten zuteil werden ließen. Ja, einige unter den Griechen klagten sogar offen das Schicksal an, daß es die Güter der Hellenen den größten Schurken unter den Barbaren ausgeliefert habe. Zu diesen Feinden Roms gehörte im besonderen, wie Dionys sagt, ein Geschichtschreiber, der am Hofe eines fremden Königs die Ereignisse ebenso unwahr wie ungerecht dargestellt hatte. Es ist die Vermutung geäußert worden, daß der Barbarenkönig, von dem hier die Rede ist, kein anderer sei als der König der Parther und daß der Geschichtschreiber, der in seinem Dienste die Römer bekämpfte, eben jener »leichtfertige Grieche« war, den Livius zurückgewiesen hat. Ein Zweifel bleibt allerdings insofern, als unter dem erwähnten Barbarenherrscher auch der König des Pontischen Reiches, Mithridates, verstanden sein könnte, der im Kampf gegen Rom ebenfalls durch griechische Schriftsteller unterstützt worden ist. Der gefährlichste von diesen war ein gewisser Metrodor, dem die »verlogenen Schmähungen« seiner »bitteren Schriften« den dauernden Namen des Römerfeindes eingetragen haben. Auf jeden Fall ist im ersten vorchristlichen Jahrhundert mit einer ganzen Anzahl von Griechen zu rechnen, die sich in ihren schriftstellerischen Arbeiten offen gegen Rom zur Wehr setzten; was sie alle empfanden, sprach in knappster Form Timagenes aus, als er erklärte, wenn Rom in Flammen aufginge, würde er nur aus dem einen Grunde betrübt sein, weil er wisse, daß die Stadt nachher um so schöner wiedererstehen werde. Die Tatsache aber, daß diese Schriftsteller zum Teil geradezu für die Königreiche des Ostens warben, gibt eindringlich zu erkennen, bis zu welchem bedenklichen Grade in der Kulturwelt die Erbitterung über die ungeistige und zerstörende römische Gewaltherrschaft angewachsen war.

Von den Gedanken, mit denen man die Römer bekämpfte, läßt sich eine genauere Vorstellung aus ihrer Wiedergabe in der lateinischen Literatur gewinnen. Das Kunstmittel der antiken Geschichtschreibung, die handelnden Personen in frei gestalteten Reden oder Briefen selber sich aussprechen zu lassen, hat es den Römern ermöglicht, in der Darstellung der Ereignisse die Anschauungen ihrer Gegner mit voller Ursprünglichkeit zur Geltung zu bringen. Wie sehr dadurch ganz allgemein das Verständnis für die Gefühle der fremden Völker entwickelt wurde und die Auffassung des eigenen Wesens an Vorurteilslosigkeit gewann, ist unschwer zu ermessen. Die Schmähungen gegen die Anfänge Roms, mit denen Dionys sich zu beschäftigen hatte, sind ausführlich in der Weltgeschichte des Pompeius Trogus vorgebracht worden. In der Antwort der Ätoler an eine römische Gesandtschaft heißt es dort: »Was denn überhaupt die Römer für Menschen seien? Nichts weiter als Hirten, die das Land, das sie bewohnten, räubernd den rechtmäßigen Herren fortgenommen hätten, die wegen ihrer minderwertigen Herkunft keine Frauen hätten finden und sie nur durch eine Gewalttat der ganzen Gemeinde sich hätten verschaffen können, die schließlich sogar ihre Stadt unter Geschwistermord gegründet und die Fundamente ihrer Mauern mit Bruderblut bespritzt hätten.« An einer anderen Stelle wird der Vorwurf erhoben, daß die Römer in der ruchlosen Hoffnung, die ganze Welt erobern zu können, mit allen Königen Krieg führten, als ob sie es für ein Unrecht hielten, wenn irgendwo in der Nähe ihres Reiches der Thron eines Königs stände. Die Erklärung für diese Tatsache bietet eine dritte Rede, die längste aller derartigen Auslassungen, die bezeichnenderweise dem König Mithridates zugewiesen ist: Die Römer selbst hätten die schlechtesten Erfahrungen mit ihren Königen gemacht, deren bloße Namen schon ihnen die Schamröte ins Gesicht treiben müßten: Hirten nämlich aus der Urbevölkerung seien jene gewesen, sabinische Zeichendeuter, landflüchtige Korinther, etruskische Sklaven, schließlich, was in dieser Gesellschaft noch das anständigste wäre, Tyrannen. Und wie sie in ihrer Sage erzählten, daß eine Wölfin die Gründer ihrer Stadt gesäugt habe, so seien sie selbst in ihrem Wesen sämtlich Wölfe, unersättlich in ihrem Blutdurst, gierig und hungrig nach Macht und Reichtum. Die Anklage, die hier mit besonderem Nachdruck ausgesprochen wird, daß die Römer grundsätzlich Feinde aller monarchischen Staaten seien, gibt ein Schlagwort wieder, das in der asiatischen Welt schon beim ersten Zusammenstoß mit den Römern verbreitet worden war. Noch vor dem Abschluß des Kampfes gegen Antiochos von Syrien, im Jahre 190 vor Christus, sahen sich die Besieger des Königs, die beiden Brüder Scipio, genötigt, dieser Verdächtigung entgegenzutreten; in einem ausführlichen Schreiben an den besorgten König Prusias von Bithynien bemühten sie sich, den Vorwurf zu entkräften, indem sie auf all die Fälle hinwiesen, in denen die Römer sich vielmehr als Wohltäter fremder Könige gezeigt hätten. Aber die Auffassung, die sie abzuwehren suchten, hat sich im Osten stets lebendig erhalten, und im Kampfe konnte sie jederzeit wieder nutzbar gemacht werden. Es ist kaum zu bezweifeln, daß der König Mithridates, so wie es Trogus darstellt, wirklich mit ihr gearbeitet hat, und es ist zum mindesten sehr wahrscheinlich, daß er dabei gegen die Anfänge der römischen Geschichte ebensolche Schmähungen verbreiten ließ, wie sie ihm hier zugeschrieben werden. Neben die Ausführungen des Trogus tritt ergänzend, was Sallust den Mithridates in einem Briefe an den Partherkönig Arsakes sagen läßt, der zur Hilfeleistung gegen die Römer bewogen werden soll. Es heißt dort: »Die Römer kennen von alters her nur einen einzigen Grund, um auf der ganzen Welt mit Stämmen, Völkern und Königen Krieg zu führen: die tiefe Gier nach Herrschaft und Reichtum .... Von Anfang an ist alles, was sie besitzen, durch Raub zusammengebracht, — die Häuser, die Frauen, das Land, das Reich. Zusammengelaufenes Volk waren sie einst, ohne Vaterland, ohne Eltern, zum Fluch für die ganze Welt bestimmt. Nichts im Himmel und auf Erden kann sie hindern, ihre Bundesgenossen und ihre Freunde, benachbarte und ferne Völker, Schwache und Mächtige auszuplündern und zu vernichten und alles, was sich nicht in Sklaverei vor ihnen beugt, im besonderen aber die Königreiche, als Feinde zu betrachten ... Sie richten ihre Waffen gegen jeden, am heftigsten aber gegen die, deren Überwindung ihnen die größte Beute verschafft. Durch Kühnheit, durch Betrug und eine ununterbrochene Reihe von Angriffskriegen sind sie zu ihrer Größe gelangt.« Ähnlich, aber nunmehr in einer Form, deren schneidende Kürze nicht mehr zu überbieten ist, wird die römische Raubgier an einer Stelle im Agricola des Tacitus gekennzeichnet, wo der Britannenkönig Calgacus als Wortführer der von Rom mißhandelten und zur Mißhandlung ausersehenen kleinen Völker die Sätze prägt: »Raubende Welteroberer, deren Zerstörungstrieb kein Land mehr findet, durchsuchen sie nun den Ozean, habgierig, wo der Feind reich ist, ruhmgierig, wo er arm ist, weder im Osten noch im Westen zu sättigen. Als einziges von allen Völkern begehren sie mit gleicher Leidenschaft die Fülle wie die Leere. Rauben, Morden, Stehlen heißt bei ihnen mit falscher Bezeichnung Herrschaft, und wo sie eine Wüste schaffen, 'Friede'.« Diese Worte, die zu dem Mächtigsten gehören, was je in lateinischer Sprache gestaltet wurde, umschließen die Summe aller Gedanken, in denen sich das Römertum über seine Stellung in der Welt bewußt geworden ist. Die Entwürdigung des Reiches und seine Rechtfertigung sind hier unauflösbar miteinander verflochten: indem die Wirklichkeit mit ihrer ganzen Härte vor dem Blick erscheint, wird in dem Begriff des Friedens zugleich die krönende Leistung sichtbar, in der nach dem Glauben der Römer jenseits von allem Kampf und aller Gewalttat der Sinn ihres Reiches sich erfüllte.

Aber die Frage nach dem Wert dieses Friedens ist nicht nur dort gestellt worden, wo ihm das höhere Gut der Freiheit als Gegenbild gegenüberstand. Auch die Römer selbst, die den Beruf ihres Reiches in der Verbreitung des Friedens und der Gesittung sahen, haben deutlich empfunden, wie groß der Zwiespalt war zwischen den Ansprüchen, die sie erhoben, und dem Werk, das sie tatsächlich schufen. In der Zeit des Kaiserfriedens sprach man es offen aus, daß die Vorteile der Lebenssicherheit und des ungestörten Gelderwerbes mit den schwersten Einbußen auf dem Gebiete der Kultur bezahlt worden seien. Man sah, wie in der befriedeten Welt die Wissenschaft zurückging, die Kunst der Rede ihre lebendige Kraft verlor und mit der zunehmenden Überschätzung der äußeren Güter der gesamte Bildungsstand der Bevölkerung immer tiefer herabsank. Im griechischen Teil des Reiches steigerte sich die Besorgnis um das Erbe der Vorfahren zur unverdeckten Auflehnung gegen die römische Barbarei. Die Gebildeten hielten sich vielfach mit betonter Absichtlichkeit von der Berührung mit dem römischen Wesen zurück, und die wandernden Philosophen sahen es als ihre Aufgabe an, das Gefühl für den Wert des eigenen Volkstums bei ihren Landsleuten zu schärfen sowie die Gleichgültigen vor einer allzu engen Annäherung an die römische Lebensart zu warnen. Verkörpert war der Gegensatz, den man empfand, in den beiden Städten Athen und Rom. Nicht sehr lange nachdem der römische Kaiser Hadrian in den Auszeichnungen, die er Athen zuteil werden ließ, seine Verehrung für die überlegene Bildungsmacht des Griechentums öffentlich bekundet hatte, verfaßte der hellenisierte Syrer Lukian eine Schrift, die an dem Verhalten der Athener und der Römer den Unterschied zwischen der vernunftvollen und der triebhaften Lebensführung darzustellen wußte. Während es von den Athenern heißt, sie ständen mit der Philosophie und der Armut in einem freundschaftlichen Bunde, ein freies und schlichtes Wesen, Ruhe und Muße seien bei ihnen heimisch und sogar der Fremde, der sie aufsuche, werde von ihnen erzogen und zur Einfachheit bekehrt, wird Rom als die Stadt der Verblendeten geschildert, die raffgierig und ehrgeizig, ohne Kenntnis der wahren Freiheit, als Schmeichler und Knechte ihr Leben hinbringen und nur an den niedrigsten Genüssen des Daseins Gefallen finden. Jedoch ist dieses abfällige Urteil über die Hauptstadt nicht auf die griechische Reichshälfte beschränkt gewesen. In der gleichen Schärfe ist es von den römischen Schriftstellern der Kaiserzeit ausgesprochen worden, von keinem ernster als von Tacitus, von keinem heftiger als von Juvenal, der in seiner dritten Satire sogar den horazischen Gedanken der Auswanderung auf eine neue Art aufleben ließ. Erscheint somit das gesamte Dasein der Römer als innerlich brüchig und zersetzt, so will es nicht mehr allzu viel besagen, wenn das Reich nun wieder auch als staatliches Gebilde, ähnlich wie zur Zeit des Karneades, von den Philosophen entwürdigt wurde: wenn man den Raum, den es bedeckte, geringschätzig an der Weite des Weltalls maß und die kriegerischen Leistungen seiner Bürger mit gemeinen Mordtaten auf eine Ebene stellte. Eine geschichtlich bedeutungsvolle Wirkung freilich haben auch die leidenschaftlichsten dieser Angriffe gegen Rom und die Römer nicht gehabt. Mehr als eine zeitweilige Besinnung auf das Wesen der römischen Herrschaft vermochten sie kaum irgendwo zu erzielen. Um das Denken und Handeln der Menschen entscheidend zu gestalten, bedurfte es stärkerer Kräfte, als sie den geistigen Kreisen des endenden Weltalters zu Gebote standen, die, soviel sie auch bemängelten, die Wohltat des römischen Friedens doch niemals hätten missen mögen.

Die Macht, der es gelingen sollte, den Kampf gegen Rom siegreich zu bestehen, war die große Volksbewegung des Christentums. Ihr außerweltliches, unangreifbares Ziel, die Unbedingtheit ihrer Forderungen und die Opferbereitschaft ihrer Anhänger verliehen ihr eine Stärke, der keine Gegenwehr gewachsen war. Aber gerade die unerschütterliche Überzeugungstreue, die das Ringen auf beiden Seiten beherrschte, erschloß die fruchtbaren Tiefen, aus denen eine neue Sinngebung des Reiches sich erhob.

Der Widerstand gegen Rom ist den Christen nicht von Anfang an als eine Notwendigkeit bewußt gewesen. Der Aufblick zu ihrem Gott bedeutete für sie wohl eine Abkehr von der Welt, nicht aber eine grundsätzliche Verneinung der bestehenden Ordnungen, so stark der 'Vorbehalt gegen den irdischen Staat' auch sein mochte. Erst die äußeren Verhältnisse haben die Gläubigen gezwungen, sich von dem Geist und den Ansprüchen des Staates, in dem sie lebten, volle Rechenschaft zu geben. Die Tatsache, daß die frühesten Blutzeugen der Kirche, darunter die Apostel Petrus und Paulus selbst, gerade in Rom den Tod gefunden hatten, sicherte der Stadt einen besonderen Platz im christlichen Denken zu und ließ sie hier womöglich mehr noch, als es anderswo der Fall war, das Sinnbild des gesamten Reiches sein. Die durch Nero geweckte romfeindliche Stimmung, die vor allem in den östlichen Teilen des Reiches durch eine Anzahl von Zwangsmaßnahmen verschärft wurde, begann sich gegen das Ende des Jahrhunderts in offener Rede zu äußern. Dabei war es ein Zeichen der noch ganz engen Verbundenheit mit dem jüdischen Ursprungslande, daß man zunächst ohne sehr tiefgreifende Umgestaltungen dieselben schriftstellerischen Formen benutzte, deren sich gleichzeitig auch das Judentum in der Abwehr Roms bediente. Wieder handelt es sich um die übersteigerten Verheißungen zukünftiger Demütigungen Roms, wie sie in der östlichen Welt bereits bei dem ersten Zusammenstoß mit dem Reich verwendet worden waren.

Wenn die Juden, die früher in den Römern die treuen Beschützer aller Schwachen gesehen hatten, inzwischen zu Wortführern des östlichen Römerhasses geworden waren, so lag der Grund dafür in dem Mißverhältnis zwischen der Empfindlichkeit, die ihnen selbst als Religions- und Volksgemeinschaft eigen war, und der Strenge der römischen Herrschaftsansprüche. Als es im Jahre 66 nach Christi Geburt zu dem bewaffneten Aufstande gekommen war, der mit der Zerstörung Jerusalems endete, äußerte sich die Erbitterung gegen Rom in Vorstellungen von schonungsloser Kraßheit. Offenbarungsschriften, die den Widerstand des Volkes zu ihrem Teile zu stärken suchten, unternahmen es, Rom in erregten Bildern herabzuwürdigen und seinen in Kürze zu erwartenden Untergang mit siegesgewissem Hohn vor Augen zu führen. Die leidenschaftliche Sprache dieser Gesichte ist jedem aus der Bibel bekannt; in der Offenbarung des Johannes liegt manches Stück, ohne wesentlich verändert zu sein, in christlicher Überarbeitung vor. Da erscheint das römische Kaiserreich in der Gestalt des altorientalischen Chaostieres als ein siebenköpfiges Ungeheuer, das aus dem Meere aufsteigt. »Und die ganze Welt staunte dem Ungeheuer nach und betete es an und sprach: 'Wer ist dem Ungeheuer gleich und wer kann mit ihm kämpfen?'« Rom selbst aber, die Stadt, die mit allem Reichtum zugleich auch alle Laster der Welt in sich vereinigte, wird als eine Dirne gesehen, die auf eben diesem Tiere sitzt; gekleidet in Purpur und Scharlach, mit Gold, Edelsteinen und Perlen bedeckt, trägt sie auf der Stirn den Namen des alten Erbfeindes Israels, der nun zur Bezeichnung des neuen Gegners aus dem Westen geworden ist: 'Babylon die große, die Mutter der Dirnen und aller Greuel der Welt'. Aber der Untergang der Dirne steht dicht bevor, und zwar soll er, wie es dem Grundriß aller dieser Weissagungen entspricht, von Königen aus dem Osten herbeigeführt werden. Auch der Vergeltungsgedanke wird aus früheren Unheilsverkündigungen übernommen, dabei jedoch in heißem Empfinden neu gestaltet: »Vergeltet ihr«, ruft eine Stimme vom Himmel, »wie sie vergolten hat, und gebt ihr doppelt nach ihrem Wirken. In dem Becher, den sie gemischt hat, mischet ihr doppelt. Soviel sie sich selbst verherrlicht und geschwelgt hat, so viel gebt ihr an Peinigung und an Jammer. Denn sie spricht in ihrem Herzen: 'Als Königin sitze ich, und Witwe bin ich nicht, und Jammer werde ich niemals sehen'. Deshalb werden an einem Tage ihre Plagen kommen, Pest und Jammer und Hungersnot, und im Feuer soll sie verbrannt werden.«

Das antike Judentum hat die Feindschaft gegen Rom grundsätzlich niemals überwunden. Durch die Zerstörung Jerusalems und seines Tempels war sie vollends unversöhnlich geworden. Der Glaube an die eigene Auserwähltheit und die zuversichtliche Erwartung, daß Rom am Ende doch einmal zu Fall kommen werde, gaben dem Widerstande eine kaum je erlahmende Kraft. Dagegen hat das Christentum die Unbefangenheit besessen, über eine nicht minder hartnäckige Gegnerschaft hinweg sich dem Reiche fortschreitend zu nähern und es schließlich geradezu als ein Mittel zur Verwirklichung der neuen Lehre in seiner geschichtlichen Notwendigkeit zu bejahen und zu rechtfertigen. Freilich ist eine solche Verständigung mit dem Reiche keineswegs von allen Christen gesucht oder auch nur gebilligt worden. Weiten Kreisen wurde es nicht leicht, sich von der Stimmung des Hasses und der schroffen Abwehr zu befreien, wie sie mit unvergeßlicher Eindringlichkeit in der Offenbarung des Johannes Form gewonnen hatte. Die aufreizenden Zukunftsschilderungen, mit denen von jüdischer Seite gegen Rom gekämpft worden war, hatte die christliche Offenbarungsschrift unabgeschwächt übernommen. Daß Rom ein zweites Babylon sei, ist durch sie in aller Welt zur geläufigen Vorstellung geworden. Das Grauen aber vor diesem römischen Babylon mußte umso mächtiger sein, als geschrieben stand, daß der Geist und die Gewalt des Reiches unmittelbar vom Satan herrührten. Wo immer man in der Erwartung des herannahenden Weltgerichtes lebte, hat — zusammen mit dem falsch verstandenen Danielbuch — die Offenbarung des Johannes das

Urteil und die Vorstellungen von dem Schicksal Roms maßgebend bestimmt. Zwar mochte man hoffen, daß gerade die festgefügte Macht des Römischen Reiches dem Wüten des Antichrists noch eine Weile Einhalt gebieten und den gefürchteten Weltuntergang mit all seinen Schrecken verzögern werde, aber das Reich selbst empfing durch die Aufgabe, die ihm damit zugewiesen wurde, keine höhere Würde. Es galt weiterhin als das Tier aus dem Abgrunde, auf dem die prunkende Dirne thronte. Seine künftige Vernichtung sah man in den Worten vorgezeichnet, die einst der Prophet über das erste Babylon gesprochen hatte: »Herunter, setze dich auf die Erde, du Jungfrau, Tochter Babylons, setze dich, Chaldäertochter. Nicht mehr wird man dich nennen die Zarte und Verwöhnte. Aufgedeckt werden soll deine Blöße und sichtbar werden deine Schande. Nicht mehr wird man dich Kraft der Herrschaft nennen. Du sprachst: 'In Ewigkeit werde ich herrschen' und dachtest nicht an das Ende. Nun aber höre es, du Verwöhnte, die du selbstgewiß thronest und in deinem Herzen sprichst: 'Ich bin da und außer mir niemand. Nicht werde ich als Witwe sitzen und Kinderlosigkeit nicht kennen'. Nun aber wird über dich beides kommen an einem Tage, Witwenschaft und Kinderlosigkeit wird plötzlich über dich kommen, trotz deinem Zauber, trotz der Kraft deiner Sprüche, trotz dem Vertrauen auf deine Bosheit. Und es wird über dich Verderben kommen, und du wirst dich dessen nicht versehen. Und es wird Drangsal über dich kommen, und du wirst nicht rein werden können.« Im einzelnen richteten sich die Angriffe der Christen gerade gegen die Vorstellungen, mit denen die Römer selbst das Wesen ihres Staates zu erfassen versucht hatten. Die Behauptung von der Gerechtigkeit der Bürger, der das Reich seine Größe verdanke, wurde unter Aufnahme der alten Einwände des Karneades bekämpft, der Glaube an die Frömmigkeit und das gottesfürchtige Wesen der Vorfahren mit den Tatsachen der Geschichte, voran dem Brudermord des Romulus, widerlegt und die Zuversicht, daß dem Staate wie der Stadt eine ewige Dauer beschieden sei, aus der Gewißheit der wahren christlichen Ewigkeit entkräftet und verhöhnt. Die Reihe dieser christlichen Angriffe gegen Rom wird abgeschlossen durch das große Werk Augustins, die Civitas Dei. Die umfassende Weltdeutung, die hier vollzogen wird, entwickelt sich im Kampfe mit den zäh bewahrten Überzeugungen geschichtsbewußter römischer

Kreise, die in dem Abfall von den heimatlichen Göttern den entscheidenden Grund für den Niedergang des Reiches und den Sturz der Stadt erblickten. Indem jene Gläubigen nach der Art der Vorfahren die Ausdehnung und die Dauer des Reiches als Lohn für den Gehorsam betrachteten, mit dem sich die früheren Geschlechter dem Willen der Götter unterworfen hatten, zogen sie umgekehrt zugleich aus der Größe der so viel glücklicheren Vergangenheit den Schluß auf die Macht dieser Götter, die sich von dem nun christlich gewordenen Staate zürnend abgewandt hatten. Damit war für Augustin die Notwendigkeit gegeben, wenn er seinerseits den christlichen Glauben zum Siege führen wollte, nicht nur die Götter selbst, sondern vor allem auch den Staat, der das Werk ihrer Fürsorge sein sollte, zu entwürdigen. Mit unerbittlicher Schärfe stellt er die Bedeutung der gesamten römischen Geschichte in Frage. Das Weltreich, für dessen kulturelle Sendung er selbst, der römische Afrikaner, am eindrucksvollsten Zeugnis ablegt, ist ihm nur das wertlose Ergebnis eines ungehemmten Machtstrebens, ein Gebilde, das sich wie ein schwerfälliger Riese durch seine eigene Größe widerlegt, ein Zustand der Unnatur, der umso grausamer vor Augen steht, je schöner sich das Wunschbild ausmalen läßt, wie zahlreiche friedliche Kleinstaaten in einträchtigem Nebeneinander vereint sein könnten. Das einzige, dem er seine Anerkennung nicht versagt, ist die vorbildliche Opferbereitschaft, mit der die Bürger sogar um dieses irdischen Staates willen die größten Mühen und Entbehrungen freudig ertragen haben. Mit sicherem Gefühl weiß er zu scheiden zwischen dem Werk der Römer, das er bekämpfen muß, und ihrer Gesinnung, die er trotz allem ehrt.

Die Gedanken, mit denen Augustin als der letzte und größte Gegner des antiken Rom das Reich zu überwinden versucht hat, sind von zeitloser Unbedingtheit. Die Tatsache, daß die Christen schon seit langem zu einer Rechtfertigung Roms gekommen waren, ihre Erkenntnis, daß die gewaltsame Befriedung der Welt die Voraussetzung für das Friedensreich Christi sei, sind von Augustin bewußt übersehen worden. Aber jene andere, versöhnende Geschichtsbetrachtung, in der sich der Staat und die christliche Lehre nicht befehdeten, sondern ergänzten, war von so zwingender Überzeugungskraft, daß sie durch keinen noch so mächtigen Widerspruch erschüttert werden konnte. Der Lebenswille, der die Vernunft in der Geschichte sucht, ließ die späten Bürger des Reiches und nicht nur diese vergessen, wieviel Roheit und Gewalt am Werke gewesen waren, um Rom zur Friedensmacht zu erheben, und welche Fülle von Unglück und von Schmerzen die Welt als Preis für die Größe Roms hatte darbringen müssen. Vor dem Glauben an das Reich und seine Sendung und vor der Bewunderung römischen Heldentums verlor sich die Erinnerung, wie stark einst in den Gegnern und den Opfern Roms die Gefühle der Feindschaft und des Hasses gewesen waren.

ANMERKUNGEN

Abkürzungen

CSEL	= Corpus Scriptorum Ecclesiasticorum Latinorum ed. Academia Litterarum Vindobonensis.
FGrHist	= Felix Jacoby, Die Fragmente der griech. Historiker, Berlin 1923 ff.
FHG	= Fragmenta Historicorum Graecorum coll. Carol. Müller, Paris 1861 ff.
GCS	= Die griech. christl. Schriftsteller der ersten drei Jahrhunderte hgb. von der Kirchenväter-Kommission der Preuß. Akademie der Wissenschaften.
RE	= Realencyclopädie der class. Altertumswissenschaft hgb. von Wissowa-Kroll-Mittelhaus, Stuttgart 1894 ff.

1. Zu S. 1 Z. 13: Stellensammlung bei Wilh. Gernentz, Laudes Romae, Diss. Rostock 1918, 49f. Eine besonders wirkungsvolle Bezeichnung hat Rom von dem Sophisten Polemon empfangen, der es die ἐπιτομὴ τῆς οἰκουμένης nannte (Galen, De humero prolapso, Opera Medic. Graec. 18, 1 S. 347 Kühn; danach bestimmbar Athen. 1, 20b, wo sich auch in der Begründung des Wortes Gedankengut des Polemon erhalten haben mag). — Die stoffreiche Arbeit von Gernentz hat es unterlassen, die Schriften des Libanios, aus denen sich immerhin (vgl. unten Anm. 62 S. 51f.) einiges hätte gewinnen lassen, planmäßig auszuwerten. So fehlt dort das in der Renaissancezeit mehrfach angeführte Wort über Rom vom Anfang des 435. Briefes (Bd. 10 S. 425 Foerster), das freilich nicht die eigene Ansicht des Libanios wiedergibt, ὡς οὐκ ἔστι γῆ ταῦτα, ἀλλ' οὐρανοῦ μοῖρά τις (Textgestaltung nach dem Vorschlage von P. Maas; über die Benutzung des Ausspruches in der Renaissance s. Foerster im Apparat).

2. Zu S. 1 Z. 31: Über die literarischen Äußerungen der Feindschaft gegen Rom haben gehandelt Schnayder, De infenso alienigenarum in Romanos animo, Eos 30, 1927, 113ff.; ders., Quibus conviciis alienigenae Romanos carpserint, Archiw. filol. Polsk. Akad. Umiej. 7, 1928. Castiglioni, Motivi antiromani nella tradizione storica antica, Rendiconti R. Istituto Lombardo di scienze e lettere ser. 2 vol. 61, Mailand 1928, 625ff. Ernst Aug. Baumann, Beiträge zur Beurteilung der Römer in der antiken Literatur, Diss. Rostock 1930.

3. Zu S. 2 Z. 10: Werner Hoffmann, Das literar. Porträt Alexanders d. Gr., Leipzig. Histor. Abhandl. 8, 1907, 6f. 34ff. (65f.); vgl. Stroux, Die stoische Beurteilung Alexanders d. Gr., Philologus 88, 1933, 222ff.

4. Zu S. 2 Z. 14: Als Vertreter einer solchen Auffassung werden von Polybios 1, 63, 9 ἔνιοι τῶν Ἑλλήνων, 18, 28, 5 οἱ μάταιοι τῶν ἀνθρώπων genannt. Wie sich aus 3, 20, 4f. ergibt, denkt Polybios dabei an Sosylos und Chaireas (Norden, Vergils Aeneis im Lichte ihrer Zeit, Neue Jahrbücher f. d. klass. Altertum usw. 7, 1901, 324 Anm. 1); beide oder zum mindesten der eine von ihnen dürften auch 10, 2, 5ff. (= FGrHist 180 F 5), bes. 10, 9, 2 berücksichtigt sein, wo falsche Auffassungen von der Bedeutung der τύχη für die Erfolge des älteren Scipio zurückgewiesen werden (vgl. Ed. Meyer, Untersuchungen zur Geschichte des Zweiten Punischen Krieges, Kleine Schriften 2, Halle 1924, 444ff., der allerdings wohl mit weniger Recht gerade den Namen des Silenos nennt [dazu Jacoby, Silenos, RE 2. Reihe 3, 54f.]). Über die frühesten Versuche der Griechen, die geschichtliche Erscheinung Roms geistig zu bewältigen, vgl. Wilh. Hoffmann, Rom und die griech. Welt im 4. Jhdt., Philologus Suppl.-Bd. 27, 1, Leipzig 1934, 104ff. Erik Wikén, Die Kunde der Hellenen von dem Lande und den Völkern der Apenninen-Halbinsel bis 300 v. Chr., Lund 1937, 76f. 128. 170ff.

5. Zu S. 2 Z. 22: Über das Werk des Fabius Pictor s. vor allem Gelzer, Röm. Politik bei Fabius Pictor, Hermes 68, 1933, 129ff.; zuletzt Em. Ciaceri, Le origini di Roma, Mailand 1937, 91 ff. — Von der den Römern abträglichen Geschichtschreibung dieser Zeit ist im einzelnen keine sehr deutliche Vorstellung zu gewinnen. Zwei Proben, an denen Polybios die Voreingenommenheit des Philinos erweisen will, scheinen in Wahrheit unangreifbar zu sein (zu Polyb. 1, 14f. = FGrHist 174 F 2 [Kämpfe in Sizilien zu Beginn des Ersten Punischen Krieges] s. Münzer, Appius Claudius Caudex, RE 3, 2693; wohl übertrieben Jul. Beloch, Griech. Geschichte 4, 2², Berlin 1927, 533ff.; zu Polyb. 3, 25f. = F 1 [Vertrag zwischen Rom und Karthago über die Achtung der beiderseitigen Handlungsbereiche] s. etwa Ed. Meyer [oben Anm. 4] 363 Anm. 1). Von den Büchern 23 und 24 des Diodor, deren den Römern ungünstige Darstellung vermutlich auf Philinos zurückgeht (Ed. Schwartz, Diodoros, RE 5, 688), liegen nur Auszüge vor. Auch in dem, was von Sosylos (Jacoby, FGrHist 176; RE 2. Reihe 3, 1204ff.; vgl. oben Anm. 4) und Silenos (Jacoby, FGrHist 175; RE a. O. 53ff.) bekannt ist, lassen sich Entstellungen politischer Art, wie sie umgekehrt in der römischen Annalistik häufig waren, nicht bemerken. Andere Geschichtswerke, die zahlreich vorhanden gewesen sein müssen (Ed. Meyer 338f.), sind überhaupt nicht zu fassen.

6. Zu S. 2 Z. 27: Die Stellen bei Baumann 8ff. 17f., z. B. Polyb. 1, 20, 11; 1, 37, 7ff.; 3, 75, 8; 6, 52, 6f.; 9, 9, 8ff. Diodor (aus Polybios) 28, 7; 31, 3; 32, 4; jedoch gehört Polyb. 3, 112, 9 (Baumann 10) nicht hierher. Vgl. Ulrich Knoche, Magnitudo animi, Philologus Suppl.-Bd. 27, 3, Leipzig 1935, 15f.

7. Zu S. 3 Z. 3: Vgl. v. Arnim, Karneades, RE 10, 1965. 1978ff. Capelle, Griech. Ethik und röm. Imperialismus, Klio 25, 1932, 86ff.

8. Zu S. 3 Z. 10: Über die beiden Reden des Karneades s. Cicero, De re publ. 3, 9 S. 84f. Ziegler.

9. Zu S. 3 Z. 29: Εὐσέβεια περὶ τὸ θεῖον und δικαιοσύνη καὶ πολλὴ τοῦ πλημμελεῖν εὐλάβεια werden von Poseidonios (bei Athen. 6, 274a = FGrHist 87 F 59), der hier mehr als nur allgemeine ethnographische Anschauungen wiedergibt (anders, wie es scheint, Willy Theiler, Die Vorbereitung des Neuplatonismus, Berlin 1930, 141; dazu auch Nikolaos v. Damaskus FGrHist 90 F 103 m § 2. Favorin fr. 40, FHG 3 S. 583), zu den Wesenszügen des alten Römertums gerechnet. Beide Eigenschaften sind den auswärtigen Beobachtern früh als kennzeichnend erschienen; den Römern selbst müssen sie längst vorher als Wert bewußt gewesen sein (Frömmigkeit: Polyb. 6, 56, 6ff.; 3, 112, 9. Gerechtigkeit: Diodor 23, 2 [aus Philinos, vgl. oben Anm. 5]. Polyb. 24, 13, 3; 36, 2, 1f.; fr. 99 B.-W. Diodor [aus Polybios] 28, 3; 32, 5); vgl. Joseph Vogt, Röm. Geschichte, Freiburg 1932, 45ff.; ders., Ciceros Glaube an Rom, Stuttgart 1935, 81. 90. Gelzer (oben Anm. 5) 137f. 145f. 163ff. Die spätere Zeit übernimmt die alten Anschauungen als feststehende Glaubenssätze; vgl. etwa Gernentz 83. 85ff. Wilh. Kroll, Die Kultur der ciceron. Zeit, Leipzig 1933, 1, 8f.; 2, 1f.; s. ferner unten Anm. 40. 84. 85.

10. Zu S. 4 Z. 3: Anders, aber kaum ausreichend v. Arnim 1978: »weil letztere mehr seiner kritischen (undogmatischen) Gesamthaltung entsprach«. Vgl. auch Anm. 13.

11. Zu S. 4 Z. 6: Cato ist als Zuhörer des Karneades bezeugt von Cicero, De re publ. 3, 9.

12. Zu S. 4 Z. 12: Plutarch, Cato maior 22 δεῖν οὖν τὴν ταχίστην γνῶναί τι καὶ ψηφίσασθαι περὶ τῆς πρεσβείας, ὅπως οὗτοι μὲν ἐπὶ τὰς σχολὰς τραπόμενοι διαλέγωνται παισὶν Ἑλλήνων, οἱ δὲ Ῥωμαίων νέοι τῶν νόμων καὶ τῶν ἀρχόντων ὡς πρότερον ἀκούωσιν. Die Worte nehmen ersichtlich auf den Inhalt der Vorträge des Karneades Bezug. Der Gehorsam gegen die νόμοι und die ἄρχοντες wird gerade nach dem fremden Zersetzungsversuch ausdrücklich gefordert.

13. Zu S. 4 Z. 18: Es ist bezeichnend, daß Cicero im 3. Buch von De re publica, wo er die Erörterungen des Karneades aufgreift, die Reihenfolge der Reden umkehrt und die Verneinung der Gerechtigkeit durch ihre Bejahung entkräftet werden läßt. Zu seinen Ausführungen vgl. Victor Pöschl, Röm. Staat und griech. Staatsdenken bei Cicero, Berlin 1936, 127ff.

14. Zu S. 4 Z. 23: Die Kirchenväter haben ihrerseits wiederum die von Cicero vorgetragenen Gedanken für lange Zeit fast als einzige Zeugen weitergegeben (vgl. unten Anm. 84); ihre Berichte dienen zur Wiederherstellung des zerstörten Textes. Zur Nachwirkung der Gedanken vgl. außer Anm. 84 auch Anm. 85 und 89.

15. Zu S. 5 Z. 14: Cicero, De re publ. 3, 14—17. 20—22. 24 (dazu Augustin, Civ. Dei 4, 4).

16. Zu S. 5 Z. 29: Die Geschichte wird von Phlegon in den Mirabilia berichtet (FGrHist 257 F 36 III; vgl. M. Holleaux, Revue de philologie 56, 1930, 305ff.). Da die beiden vorangehenden Wundergeschichten, für die Antisthenes nicht der Gewährsmann ist, manche und zwar zum Teil sehr weitgehende Ähnlichkeiten mit ihr aufweisen (Mesk, Philologus 80, 1925, 298ff.), ist es deutlich, daß alle drei Erzählungen von Phlegon einem einzigen Werke entnommen sind, dessen vermutlich späthellenistischer Verfasser gegebene Stoffe nach einheitlichem Verfahren gestaltet hat (vgl. Mesk 310f.). Daß die dritte Erzählung in der Tat auf den als Gewährsmann genannten Antisthenes zurückgeht, braucht nicht bezweifelt zu werden. War dieser 'Peripatetiker' wirklich, wie man annehmen darf (Ed. Schwartz, RE 1, 2537), der von Polybios erwähnte rhodische Geschichtschreiber, so ist es besonders leicht verständlich, wenn er eine — wie S. 7 auszuführen sein wird — von Kleinasien aus verbreitete Darstellung aufgegriffen hat. Gegenwärtig neigt man dazu, nur die Orakel, die man aus der Erzählung herauslöst, als zeitgeschichtlich bedeutungsvolle Zeugnisse zu betrachten (Jacoby im Kommentar. Gelzer [oben Anm. 5] 131 Anm. 4). Aber wenn für die erste von Phlegon übernommene Geschichte, die nicht minder phantastisch ist, mit Sicherheit gezeigt werden kann, daß sie bereits vor ihrer Wiedergabe durch das hellenistische Wunderbuch fast in derselben Form bestanden hat (Mesk 303), und wenn derartige Dinge überhaupt in hellenistischer Zeit haben berichtet werden können, dann ist in dem vorliegenden Falle kaum einzusehen, warum nicht eine wenigstens in den Grundzügen ähnliche Erzählung ursprünglich selbständig umgelaufen sein sollte, zumal im Danielbuche (oben S. 7) ein vergleichbares Erzeugnis vorhanden ist. Fraglich erscheint also nur, wie weit diese Erzählung durch die doppelte Wiedergabe zunächst durch Antisthenes und danach durch den Verfasser des späthellenistischen Wunderbuches umgestaltet ist. Da sich trotz manchen Anhaltspunkten eine sichere Entscheidung nicht treffen läßt, wird oben im Texte die letzte Fassung, wie sie Phlegon wiedergibt, mitgeteilt. Immerhin mag auch sie noch dem 2. Jahrhundert v. Chr. angehören. — Hinsichtlich der schriftstellerischen Form des Stückes sei zu den bisherigen Erläuterungen nachgetragen, daß für das Hinscheiden des Weissagenden unmittelbar nach seiner Zukunftsverkündigung verwandte ägyptische Texte (darunter das Töpferorakel [vgl. unten Anm. 19]) Entsprechungen bieten; vgl. Aug. Frhr. von Gall, Βασιλεία τοῦ θεοῦ, Heidelberg 1926, 65. 67. 72. — S. auch unten Anm. 20 Ende.

17. Zu S. 7 Z. 37: Über die Sibyllinischen Orakel s. vor allem Rzach, RE 2. Reihe 2, 2118. 2122ff.; der »Großteil« des 3. Buches, um den es sich oben im Text handelt, wird von Rzach 2128 um das Jahr 140 v. Chr. angesetzt. Vgl. auch Wilh. Bousset, Die Religion des Judentums im späthellenist. Zeitalter, 3. Aufl., bes. von H. Greßmann, Tübingen 1926, 19. — Übersetzung der hier in Frage kommenden Stücke durch F. Blaß bei Em. Kautzsch, Die Apokryphen und Pseudepigraphen des Alten Testaments 2, Tübingen 1900, 177ff.

18. Zu S. 8 Z. 8: Die romfeindlichen Verse Orac. Sibyll. 3, 179—189. 191 hat Joh. Geffcken, Komposition und Entstehungszeit der Oracula Sibyllina, Texte u. Untersuch. hgb. v. Gebhardt-Harnack N. F. 8, 1, Leipzig 1902, 6 (vgl. 12) mit Recht als Nachtrag eines »erzürnten Juden« aus der umrahmenden Darstellung herausgelöst.

αὐτὰρ ἔπειτ' ἄλλης βασιληίδος ἔσσεται ἀρχή
λευκὴ καὶ πολύκρανος ἀφ' ἑσπερίοιο θαλάσσης,
ἣ πολλῆς γαίης ἄρξει, πολλοὺς δὲ σαλεύσει
καὶ πᾶσιν βασιλεῦσι φόβον μετόπισθε ποιήσει,
πολλὸν δ' αὖ χρυσόν τε καὶ ἄργυρον ἐξαλαπάξει
[ἐκ πόλεων πολλῶν· πάλι δ' ἔσσεται ἐν χθονὶ δίῃ
χρυσίον, αὐτὰρ ἔπειτα καὶ ἄργυρος ἠδέ τε κόσμος]
καὶ θλίψουσι βροτούς. μέγα δ' ἔσσεται ἀνδράσι κείνοις
πτῶμ', ὁπόταν ἄρξωνθ' ὑπερηφανίης ἀδίκοιο.
αὐτίκα δ' ἐν τούτοις ἀσεβείας ἔσσετ' ἀνάγκη,
ἄρσην δ' ἄρσενι πλησιάσει, στήσουσί τε παῖδας
αἰσχροῖς ἐν τεγέεσσι, καὶ ἔσσεται ἤμασι κείνοις
θλῖψις ἐν ἀνθρώποις μεγάλη καὶ πάντα ταράξει,
πάντα δέ συγκόψει καὶ πάντα κακῶν ἀναπλήσει
αἰσχροβίῳ φιλοχρημοσύνῃ, κακοερδέι πλούτῳ.
ἐν πολλαῖς χώρῃσι, Μακηδονίῃ δὲ μάλιστα·
μῖσος δ' ἐξεγερεῖ καὶ πᾶς δόλος ἔσσεται αὐτοῖς.

Daß innerhalb des zusätzlichen Abschnittes die Aussage der Verse 180/181 keinen Platz hat, ist von Buresch richtig erkannt worden. Jedoch hätte er nicht auch die Verse 182/183 (= 1, 391f.) streichen sollen, die vielmehr in einer Einzelheit ihrerseits das vorangehende Verspaar haben gestalten helfen (182 μέγα δ' ἔσσεται ∼ 180 πάλι δ' ἔσσεται; zur Wortwiederholung als Kennzeichen hinzugedichteter Verse vgl. Knoche, Rhein. Mus. 85, 1936, 48ff.). Der Subjektswechsel zwischen 179 ἐξαλαπάξει und 182 θλίψουσι bereitet in dem Stile dieser Schriften keine Schwierigkeiten, s. z. B. 3, 520ff. 638ff. Ihre

Erklärung finden die Verse 180/181 wohl am besten in der Annahme, daß sie eine Ersatzfassung für 182ff. darstellen (nicht überzeugend Em. Fehr, Stud. in Orac. Sibyll., Diss. Upsala 1893, 93f., der eine Lücke nach 181 und deren Auffüllung durch 1, 391f. annimmt; zustimmend Rzach 2129). Zum Vorwurf der Knabenschändung vgl. die von Geffcken in seiner Ausgabe zu V. 185f. angeführten Belege sowie unten Anm. 77 S. 67f. — Mit dem romfeindlichen Zusatzstück ist in der Würdigung der römischen Herrschaft verwandt die Stelle 3, 520ff. (vgl. 3, 638ff.), wo von der Verwüstung und Ausplünderung Griechenlands (Makedoniens) durch das πολὺ βάρβαρον ἔθνος die Rede ist (dem 2. Jhdt. zugeschrieben von Rzach 2128 [vgl. 2125] und Geffcken 6. 7. 13, der jedoch 6 auch — ähnlich wie Bousset-Greßmann [oben Anm. 17] 19 Anm. 2 — an nachsullanische Zeit denkt).

19. Zu S. 8 Z. 11: Orac. Sibyll. 3, 652ff.:

καὶ τότ' ἀπ' ἠελίοιο θεὸς πέμψει βασιλῆα,
ὃς πᾶσαν γαῖαν παύσει πολέμοιο κακοῖο,
οὓς μὲν ἄρα κτείνας, οἷς δ' ὅρκια πιστὰ τελέσσας.
οὐδέ γε ταῖς ἰδίαις βουλαῖς τάδε πάντα ποιήσει,
ἀλλὰ θεοῦ μεγάλοιο πιθήσας δόγμασιν ἐσθλοῖς.

Der König von Osten (vgl. Jes. 41, 25) begründet das messianische Zwischenreich; Rzach 2125f.; nicht überzeugend Cumont (s. gleich unten) 87, der im Anschluß an eine Fehldeutung Reitzensteins (s. unten) die Worte auf das endzeitliche Herabkommen des 'Sonnengottes' Mithras bezieht. Auch das ägyptische sogenannte Töpferorakel hat einen ἀπὸ ἡλίου erscheinenden segenbringenden König in Aussicht gestellt (col. 2, 7; vgl. Ed. Norden, Die Geburt des Kindes, Leipzig 1924, 55 Anm. 2; 147; dazu Tarn [unten Anm. 20] 146; bester Text des Orakels bei Rich. Reitzenstein-Hans Heinr. Schaeder, Studien zum antiken Synkretismus, Leipzig 1926, 39f., wo jedoch die Schreibweise ἀπὸ Ἡλίου [so auch Cumont 87 Anm. 4] auf der falschen Auffassung beruht, daß der König vom Sonnengotte entsandt werde [so Reitzenstein 41. 48]). Ähnliche Gedanken könnte der Verfasser des 5. Esra-Buches (= 4. Esdr. c. 1. 2 der Vulgata) berücksichtigen, wenn er 1, 38 die dem Messias ergebenen Christen in ihrer Gesamtheit »von Sonnenaufgang« (*ab oriente*) kommen läßt; daß die eigenartige Behauptung auf einer »tradirten Anschauung« beruhe, vermutete schon Weinel bei Ed. Hennecke, Handbuch zu den neutestamentl. Apokryphen, Tübingen 1904, 334. — Eine andere Auffassung sah in dem König von Osten nur den Zerstörer der bestehenden Ordnungen (vgl. oben im Text S. 6 sowie unten Anm. 75). In solcher Gestalt kannten ihn, wie es scheint, die Orakel des Hystaspes, eine mit 'iranischen' Gedanken arbeitende Offenbarungsschrift wohl des 1. vor- oder nachchristlichen Jahrhunderts (für ihre Beurteilung grundlegend Hans Windisch, Die Orakel des Hystaspes, Verhandl. Akad. Amsterdam, Afd. Letterkunde N. F. 28 Nr. 3, 1929; ergänzend und weiterführend Cumont, La fin du monde selon les mages occidentaux, Rev. de l'hist. d. relig. 103, 1931, 29ff., bes. 64ff.). Von dem Inhalt dieser Weissagungen ist vor allem aus dem 7. Buche von Laktanzens Divinae Institutiones (CSEL 19) eine Vorstellung zu gewinnen. Dort findet sich 15,19 die Nachricht, daß Hystaspes, »der älteste König der Meder«, einen wunderbaren Traum mitgeteilt habe, den ein weissagender Knabe auf den Untergang des Römischen Reiches zu deuten wußte (vgl. das Buch Daniel c. 2), und 18, 2 wird bezeugt, daß weiter auch von der Not der Endzeit sowie der Flucht und Errettung der Frommen die Rede war (vgl. unten Anm. 27). Eine genauere Prüfung ergibt jedoch, daß Laktanz die Schrift nicht nur an diesen beiden Stellen herangezogen hat, sondern daß er ihr überdies in seiner eigenen Schilderung des Weltendes auf das stärkste verpflichtet ist (vgl. bes. Cumont 74ff.). Allerdings läßt sich die Frage, ob und wie weit jene Zukunftsschau eine romfeindliche Gesinnung zeigte, nicht einwandfrei beantworten. Windisch (52ff.) hat Wert darauf gelegt, daß Laktanz 7, 15, 11 erklärt, das Römische Reich werde von der Erde verschwinden, die Macht werde nach Asien zurückkehren und der Osten werde wieder herrschen, während der Westen dienen müsse (*Romanum nomen quo nunc regitur orbis — horret animus dicere, sed dicam quia futurum est — tolletur e terra et imperium in Asiam revertetur ac rursus oriens dominabitur atque occidens serviet*; vgl. 7, 15, 19). Aber gerade wenn man wohl mit Sicherheit behaupten darf, daß diese Voraussage vollständig dem Buche des Hystaspes entnommen ist und nicht etwa erst durch Laktanz im Hinblick auf ein sibyllinisches Orakel (vgl. unten Anm. 20, dazu Anm. 77 S. 66f. Anm. 83 S. 80) ihre Fassung erhalten hat, bleibt zu beachten, daß die Herrschaft Asiens offenbar schon in der Vorlage durchaus als unheilvoll gegolten hat. Denn an derselben Stelle (7, 15, 11) läßt Laktanz den Untergang des Reiches als die Ursache der endzeitlichen Not (*vastitatis et confusionis causa*) erscheinen (vgl. 7, 25, 6 [unten Anm. 82]), und es ist nicht zu bezweifeln, daß er damit ebenfalls wörtlich die Lehre des Hystaspes wiedergibt, wie er deutlich auch vorher schon in der Schilderung der verschiedenen drohenden Übel den fremden Ausführungen gefolgt ist (7, 15, 8f. stimmt bis in den Wortlaut mit der Stelle 7, 17, 9 [unten Anm. 27] überein, die bereits Windisch 72 und Cumont 80ff. auf Hystaspes zurückgeführt haben). Nach dieser ersten Berücksichtigung des Hystaspes setzt mit dem Kapitel 16 erneut der Anschluß an seine Darstellung ein. Für den Abschnitt 16, 5—14, der vorwiegend das Unheil im Bereich der Natur beschreibt, hat schon Cumont (76ff.) den Beweis der Abhängigkeit erbracht, wenn auch gelegentlich (77 mit Anm. 3) wohl unter allzu bereitwilliger Anerkennung der eigenen schriftstellerischen Leistung des Laktanz (§ 6—11a scheint ganz nach dem Buch des Hystaspes gestaltet zu sein; erst mit § 11b beginnt Laktanz freier zu werden; bezeichnend ist, daß der Satz § 12a, in dem zum ersten Male wieder christliche Vorstellungen begegnen, über das Zwischenstück hinweg in störender Weise auf § 5 [Marc. 13, 8 usw. + Hystaspes; vgl. Cumont 76] zurückgreift). Weniger durchsichtig ist die Lage am Anfange des Kapitels, jedoch wird die Eigenart der Gedankenführung auch hier begriffen werden können. Es heißt, daß nach der Zerspaltung und Vernichtung der Reichsgewalt sowie nach einer Zeit dauernder Bürgerkriege zehn Könige erstehen würden, die den Erdkreis zur Ausplünderung unter sich verteilen und ihn mit gewaltigen Heeren verwüsten würden. Danach werde ein mächtiger König von Norden erscheinen, der aus der Zahl jener Zehn die drei Herrscher Asiens beseitigen und von den sieben übrigen die Anerkennung seiner Oberhoheit erreichen werde. Dieser Nordkönig werde die Welt mit einer unerträglichen Gewaltherrschaft peinigen, Schändung, Plünderung, Raub und Tod über die Menschen bringen und schließlich unter Abänderung des Namens (vgl. unten) den Sitz des Reiches verlegen. Wenn dieses alles geschehen und völlige Verwirrung *(confusio ac perturbatio)* über das Menschengeschlecht gekommen ist, sollen am Ende jene verhängnisvollen Naturereignisse eintreten, die darauf in den unmittelbar folgenden Ausführungen (16, 5ff.) erwiesenermaßen (vgl. oben S. 32) genau nach Hystaspes beschrieben werden. Die eigenartige Darstellung wird verständlich, wenn man in ihr den Versuch erkennt, zwei verschiedene Überlieferungen ausgleichend miteinander zu verbinden. Auf der einen Seite steht die alte Lehre vom Antichrist, wie sie in der Kirche bereits von Irenäus und Hippolytos vorgetragen war (Iren., Contr. haeres. 5, 26, Migne 7 Sp. 1192f. Hippol., De antichr. 25, GCS 1, 2 S. 17, 21ff.; 52, S. 35, 4ff.; In Dan. 4, 12, 4f., GCS 1, 1 S. 216, 13ff.; 4, 49, 4, S. 312, 15ff.; dieselbe Lehre etwa bei Hieronymus, Comm. in Dan. zu 7, 8, Migne 25 Sp. 531, und zu 11, 40f., Sp. 572ff., der sich ausdrücklich auf die kirchliche Überlieferung beruft; vgl. Wilh. Bousset, Der Antichrist, Göttingen 1895, 102ff.). Mit Bezugnahme auf das 2., 7. und 11. Kapitel des Danielbuches wird dort erklärt, daß am Ende der Zeiten das Römische Reich unter zehn Könige werde aufgeteilt werden (nach Dan. 2, 33. 41; 7, 7; vgl. Offenb. Joh. 17, 3. 12) und daß drei von jenen (Dan. 7, 8), nämlich die Könige von Ägypten, Libyen und Äthiopien (Dan. 11, 43), dem von Norden heranziehenden Antichrist (Dan. 11, 40ff.) zum Opfer fallen, die sieben übrigen aber sich ihm unterordnen würden. Die andere Überlieferung muß dahin gelautet haben, daß ein mächtiger asiatischer König das Römische Reich zerstören und die Herrschaft auf den Osten übertragen werde. Die Verbindung der beiden Vorstellungskreise hat bewirkt, daß bei Laktanz an Stelle der drei aus dem Danielbuche stammenden Könige von Ägypten, Libyen und Äthiopien recht verschwommen drei Könige von Asien genannt werden, durch deren Vernichtung erst der Nordkönig, wenn auch unausgesprochen, zum Herrn des Ostens wird (7, 16, 3 *tribus ex eo numero deletis qui tunc Asiam obtinebunt adsumetur in societatem a ceteris ac princeps omnium constituetur*), und daß ferner von der Übertragung der Herrschaft auf Asien nur in einer schwachen Andeutung die Rede ist (7, 16, 4 *denique inmutato nomine atque imperii sede translata confusio ac perturbatio humani generis consequetur*). Man wird vermuten dürfen, daß die Vereinigung der beiden Überlieferungen von Laktanz selbst vorgenommen wurde. Es verdient Beachtung, daß die gleichartige Schilderung der Epitome in zwei wichtigen Punkten die des Hauptwerkes an Klarheit übertrifft: von dem Gegner der zehn Könige wird hier 66, 3, CSEL 19 S. 757, 2ff. mit aller wünschenswerten Bestimmtheit gesagt, daß er *tribus deletis Asiam possidebit* sowie *nomen imperii sedemque mutabit* (in dem Hauptwerke sind demnach 7, 16, 4 die Worte *inmutato nomine* zu Unrecht von Bousset 110f. mit Victorin, Comm. in Apoc. zu capp. 13 und 17, 3, CSEL 49 S. 120ff. zusammengebracht und auf eine Änderung des Eigennamens des Königs gedeutet worden). Der Grund für die Abweichung scheint zu sein, daß der kürzende Abriß ein bereits fertig vorliegendes Bild nachzeichnet, während in dem Hauptwerke eben dieses Bild ohne sichere Führung aus verschiedenartigen Bestandteilen zusammengesetzt wurde. Fragt man, woher Laktanz die Vorstellung von dem asiatischen Könige bezogen hat und was ihn veranlaßte, sie in die völlig andersartige Überlieferung von dem Nordkönig hineinzuschieben, so kann in Erinnerung an 7, 15, 11 die Antwort nur dahin lauten, daß er hier wiederum von der Schrift des Hystaspes abhängig ist: die Bemerkung 7, 16, 4, daß auf die Verlegung des Herrschaftssitzes die *confusio et perturbatio humani generis* folgen werde, entspricht genau jener früheren, unzweifelhaft auf Hystaspes zurückgehenden Behauptung von 7, 15, 11 (s. oben S. 32), daß mit der Vernichtung Roms und der Übertragung der Herrschaft auf Asien die endzeitliche *vastitas et confusio* beginnen werde. So sicher demnach die Lehre von dem zerstörerischen Wesen des asiatischen Königs und seines Reiches für Hystaspes bezeugt ist, so groß bleibt doch immer die Unklarheit darüber, welche Stellung bei ihm das Römische Reich eingenommen hat. Denkt man etwa an das 8. Buch der Sibyllinischen Orakel (vgl. unten Anm. 83 S. 79ff.), dessen Endzeitschilderung sich vielfach mit der Darstellung des Hystaspes berührt (die wesentlichsten Vergleichsstellen schon in den Anmerkungen von S. Brandt zu seiner Ausgabe des Laktanz, CSEL 19, Wien 1890), so wird man es für möglich und vielleicht sogar für wahrscheinlich halten, daß die Vernichtung Roms, obwohl mit ihr die letzten Schrecknisse beginnen sollten, von Hystaspes ebenfalls in triumphierender Überlegenheit angekündigt wurde. Aber da alle unmittelbaren Zeugnisse fehlen und eine andere Haltung zum mindesten nicht ausgeschlossen ist, dürfte es richtiger sein, auf jede Vermutung in dieser Frage zu verzichten. Dagegen wird sich über die Endzeitschilderung des Laktanz noch einiges weitere ermitteln lassen. Auf den ersten Zerstörerkönig, der von Norden her kommen soll (c. 16), folgt dort ein zweiter, noch mächtigerer König aus dem syrischen Lande (c. 17), der jenen Vorläufer überwindet und sich sowohl durch seine Abstammung wie durch sein Wirken als der eigentliche Antichrist erweist (zu den einzelnen Zügen der Schilderung vgl. Bousset 91. 104ff. 108ff. 115. 132. 134ff. 139ff.; die Bezeichnung als *rex Syriae* [Bousset 85. 113] wohl deswegen, weil der Antichrist in der jüdischen Überlieferung aus dem Stamme Dan erwartet wurde [so schon Alexandre im 6. Exkurs Kap. 16 'De Antichristo' im 2. Bande seiner großen Ausgabe der Oracula Sibyllina, Paris 1841—1856, 510f.] oder weil er nach Orac. Sibyll. 3, 63 aus Samaria kommen sollte [irrig Bousset 60, der Alexandre 506f. übersehen hat; vgl. Geffcken ⟨oben Anm. 18⟩ 15]; unzutreffend jedenfalls Reitzenstein [oben S. 31] 50, der an das Töpferorakel 1, 16 denkt: καθέξει δ' ἐκ Συρίας ὁ μεισητός [τε κ]αὶ πᾶσιν ὠ[μὸς βασιλεὺς μαιν]όλης ὑπάρχων, obwohl er 51 selbst die zeitgeschichtliche Bedeutung dieser Stelle würdigt; ganz verfehlt Martin [s. gleich unten] 132f.). Eine solche Verdoppelung des gewalttätigen Herrschers der Endzeit kennen außer Laktanz (s. auch unten S. 35) nur noch das sogenannte Testament des Herrn sowie Commodian und Martin von Tours (Bousset 49ff. 123; das 8. Sibyllinenbuch, das wohl ebenfalls in Betracht käme [vgl. unten Anm. 83 S. 79ff.], ist an der entscheidenden Stelle, nach V. 177, zerstört). Von den drei zuletzt genannten Zeugen treten Commodian (Carm. apolog. 823ff., CSEL 15 S. 168ff.; Instruct. 1, 41, a. O. S. 53f. [vgl. unten Anm. 81]) und Martin von Tours (nach dem Bericht des Sulpicius Severus, Dial. 2, 14, CSEL 1 S. 197) dadurch besonders eng zusammen, daß sie abweichend von den wohl zeitgeschichtlich bedingten Vorstellungen des Testaments des Herrn in dem ersten Herrscher den wiederkehrenden Nero erblicken und den zweiten Herrscher ausdrücklich von Osten her die Welt sich unterwerfen lassen (vgl. Jos. Martin, Studien und Beiträge zur Erklärung und Zeitbestimmung Commodians, Texte u. Untersuch. hgb. v. Harnack-Schmidt 3. Reihe 9, 4, Leipzig 1912, 118ff.

[nicht ohne Mängel: zu 119f. s. unten Anm. 81, zu 127ff. vgl. Bousset 18f.]). Da die Wiederkunft Neros ebenfalls von Osten her erwartet wurde (zur Nero-Sage vgl. Rzach [oben Anm. 17] 2132 Anm.), ist es deutlich, daß beide Herrscher im Grunde die gleiche Gestalt sind und sich als solche auch von dem asiatischen Könige des Hystaspes nicht unterscheiden (über den Osten als das Ursprungsgebiet der endzeitlichen Feinde vgl. auch Reitzenstein 50 Anm. 1. Cumont 75). Die Überlieferung von Nero als dem Vorläufer des Antichrists findet auch bei Laktanz Berücksichtigung. Aber Laktanz hat die Gestalt des Nero beseitigt und durch eine andere ersetzt, die er selbst geschaffen hat. Dabei ging er nicht nur insofern recht bedenklich vor, als er die beiden unvereinbaren Anschauungen vom Nord- und vom Ostkönig gewaltsam miteinander zu verbinden suchte (oben S. 33), sondern er scheute sich auch nicht, von der Überlieferung der Kirche abzuweichen, die in dem Nordkönig niemals nur den Vorläufer des Antichrists, sondern stets den Antichrist selbst gesehen hatte (s. oben S. 33). Daß dieses Urteil über die Arbeitsweise des Laktanz zutreffend ist, wird in erwünschter Weise durch eine Äußerung bestätigt, die gerade die Voraussetzung seiner eigenen Lehre, die Verwerfung der Rückkehr des Nero, betrifft. Wenn in der Schrift De mortibus persecutorum 2, 8, CSEL 27 S. 175, 10ff. ausdrücklich gegen den Wahnglauben Stellung genommen wird, daß Nero lebendig entrückt sei, *ut quia primus persecutus est, idem etiam novissimus persequatur et antichristi praecedat adventum* (vgl. auch die Fortsetzung ⟨*nam* addidi⟩ *sicut duos prophetas vivos esse translatos in ultima tempora . . . quidam sanctorum pronuntiant* (*pronuntient* cod., correxi), *eodem modo etiam Neronem venturum putant, ut praecursor diaboli ac praevius sit venientis ad vastationem terrae et humani generis eversionem*), so wird man bei der Annahme, daß diese Schrift Laktanz zum Verfasser habe, ihn hier mit klaren Worten die gleiche ablehnende Haltung bekunden sehen, die er bei der Niederschrift des großen Werkes stillschweigend wirksam sein ließ (eine ablehnende Haltung später auch bei Hieronymus, Comm. in Dan. zu 11, 29, Migne 25 Sp. 568, und bei Augustin, Civ. Dei 20, 19; Bousset 124 Anm. 1). Umgekehrt aber wird man eben in dieser Übereinstimmung auch einen neuen Grund dafür erkennen dürfen, daß die Schrift De mortibus persecutorum tatsächlich von Laktanz verfaßt worden ist.

20. Zu S. 8 Z. 25: Orac. Sibyll. 3, 350—361:

ὁππόσα δασμοφόρου 'Ασίης ὑπεδέξατο 'Ρώμη,
χρήματά κεν τρὶς τόσσα δεδέξεται ἔμπαλιν 'Ασίς
ἐκ 'Ρώμης, ὀλοὴν δ' ἀποτίσεται ὕβριν ἐς αὐτήν.
ὅσσοι δ' ἐξ 'Ασίης 'Ιταλῶν δόμον ἀμφεπόλευσαν,
εἰκοσάκις τοσσοῦτοι ἐν 'Ασίδι θητεύσουσιν
'Ιταλοὶ ἐν πενίῃ, ἀνὰ μυρία δ' ὀφλήσουσιν.
ὦ χλιδανὴ ζάχρυσε Λατινίδος ἔκγονε 'Ρώμη,
παρθένε, πολλάκι σοῖσι πολυμνήστοισι γάμοισιν
οἰνωθεῖσα, λάτρις νυμφεύσεαι οὐκ ἐνὶ κόσμῳ,
πολλάκι δ' ἁβρὴν σεῖο κόμην δέσποινά τε κείρει
ἠδὲ δίκην διέπουσα ⟨σ' addidi⟩ ἀπ' οὐρανόθεν ποτὶ γαῖαν
ῥίψει, ἐκ δὲ γαίης πάλιν οὐρανὸν εἰς ἀνεγείρει.
[ὅττι βροτοὶ φαύλου ζωῆς ἀδίκου τ' ἐνέχοντο.]

Der Vers 362 ist mit Recht von Wilamowitz bei Geffcken (oben Anm. 18) 9 gestrichen worden. Mit dem nicht ganz klaren vorletzten Verse wird man sich abfinden müssen; wohl richtig Geffcken 8f.: »Rom wird . . wie ein Ball zwischen Himmel und Erde hin und hergeworfen«. Über die Entstehungszeit der ganzen Versreihe lassen sich nur Vermutungen äußern. Während Rzach 2124 die Verkündigung dem Urbestande des Buches zuweist (vgl. oben Anm. 17), rechnet Geffcken 8 mit einem Spruch aus der Zeit des Mithridatischen Krieges; zurückhaltend Wilh. Weber, Der Prophet und sein Gott, Leipzig 1925, 59 Anm. 1. Die Meinung von W. W. Tarn, Alexander Helios and the Golden Age, Journ. Rom. Stud. 22, 1932, 135ff. (wiederholt in Alexander the Great and the Unity of Mankind, Proceed. Brit. Acad. 19, 1933, 11), die Verse bezögen sich auf den Kampf, den die 'Herrin' Kleopatra gegen das Rom Octavians führte, steht auf brüchiger Grundlage. Seine Ausführungen z. B. über die 3, 375 erwähnte ὁμόνοια scheitern an Hesiod, Theog. 901f. und verwandten Stellen; vgl. H. Fuchs, Augustin und der antike Friedensgedanke, Berlin 1926, 170ff. Immerhin gibt Tarn 137 die Möglichkeit zu, daß in 3, 350ff. ein älterer Spruch verwendet sei. Zum Gedanken der Verse vgl. unten Anm. 76. 77 S. 66f. 72f. Anm. 83 S. 80. — Auch abgesehen von der Frage nach der Zeit dieses Stückes ist wichtig, was Poseidonios über Orakel zu sagen weiß, die sich für Mithridates betätigten; in der Rede, mit der Athenion versucht, die Stadt Athen für Mithridates zu gewinnen, heißt es bei ihm unter anderem, daß dem Könige χρησμοὶ πάντοθεν τὸ κράτος τῆς οἰκουμένης θεσπιῳδοῦσι (FGrHist 87 F 36 S. 246, 6). Daß es umgekehrt stets auch Sprüche gegeben hat, die für die östliche Welt entmutigend waren, ist ohne weiteres anzunehmen. Bezeugt sind derartige Verkündigungen für die unruhige Zeit, als Rom nach dem Ende des Hannibalischen Krieges die Auseinandersetzung mit dem Osten aufzunehmen begann. Im Jahre 198 hatte das plötzliche Auftauchen der Insel Hiera und ein großes Erdbeben in Kleinasien unter der Bevölkerung starke Erregung hervorgerufen (vgl. Hiller von Gaertringen, Rhodos, RE Erg.-Bd. 5, 789, 47ff.). *Quo prodigio territis omnibus vates cecinere oriens Romanorum imperium vetus Graecorum ac Macedonum voraturum* (Justin 30, 4, 4). Eine dieser Weissagungen liegt im Wortlaute bei Plutarch, De Pyth. orac. 11 vor (vgl. Herm. Diels, Sibyllin. Blätter, Berlin 1890, 102). Aber wenn es hier von den Römern heißt καὶ χείρονες ἄνδρες χερσὶ βιησάμενοι τὸν κρείττονα νικήσουσι, so steht die ein wenig matte Ausdrucksweise hinter der offenbar sehr kräftigen Sprache der übrigen bei Justin berücksichtigten Orakel spürbar zurück. Für die richtige Würdigung der oben im Text S. 5ff. mitgeteilten Weissagungen aus der Zeit nach dem syrisch-römischen Kriege sind die rund zehn Jahre früheren Sprüche, um die es sich hier handelt, von nicht zu unterschätzender Bedeutung.

21. Zu S. 8 Z. 32: Ewigkeit Roms: Gernentz (oben Anm. 1) 40ff. Weber (oben Anm. 20) 55. Vogt, Ciceros Glaube an Rom (oben Anm. 9) 73ff. Pöschl (oben Anm. 13) 100ff.; dazu die Arbeit von Karl Groß, Die Unterpfänder der röm. Herrschaft, Berlin 1935. Nicht vergessen zu werden verdient der gehaltvolle Aufsatz von F. Piper, Rom, die ewige Stadt, Evangel. Kalender 15, 1864, 17ff. — Vgl. auch unten Anm. 85.

22. Zu S. 8 Z. 36: Cicero, In Catil. 3, 19 *memoria tenetis Cotta et Torquato consulibus* (d. i. 65 v. Chr.) *complures in Capitolio res de caelo esse percussas . . . . quo* *quidem tempore cum haruspices ex tota Etruria convenissent, caedes atque incendia et legum interitum et bellum civile ac domesticum et totius urbis atque imperi occasum appropinquare dixerunt, nisi di immortales omni ratione placati suo numine prope fata ipsa flexissent.*

23. Zu S. 8 Z. 39: Cicero, In Catil. 3, 9: die vernommenen Gesandten der Allobroger haben erklärt *Lentulum .. sibi confirmasse ex fatis Sibyllinis haruspicumque responsis se esse tertium illum Cornelium ad quem regnum huius urbis atque imperium pervenire esset necesse .... eundemque dixisse fatalem hunc annum esse ad interitum huius urbis atque imperi qui esset annus decimus post virginum absolutionem, post Capitoli autem incensionem vicesimus.* Dazu Weber 65 ff. mit den berechtigten Einwänden von Deubner, Gnomon 1, 1925, 163 f.

24. Zu S. 9 Z. 14: Sallust, Epist. ad Caes. 1, 5, 2 *ego sic existimo: quoniam orta omnia intereunt, qua tempestate urbi Romanae fatum excidii adventarit, civis cum civibus manus conserturos, ita defessos et exsanguis regi aut nationi praedae futuros. aliter non orbis terrarum neque cunctae gentes conglobatae movere aut contundere queunt hoc imperium.*

25. Zu S. 9 Z. 36: Auf die Ähnlichkeit zwischen den Worten Sallusts und der 16. Epode des Horaz ist auch Georg Schörner, Sallust und Horaz über den Sittenverfall und die sittliche Erneuerung Roms, Diss. Erlangen 1934, 41 f. aufmerksam geworden, jedoch weiß er aus seiner Beobachtung keinen Gewinn zu ziehen.

26. Zu S. 10 Z. 10: Horaz, Epode 16, 1—14 (in der Übersetzung gekürzt). Daß auch das Gedicht an Quinctius Hirpinus (c. 2, 11) von dem Gedanken an den Untergang des Reiches beherrscht sei, hat Theod. Plüß, Horazstudien, Leipzig 1882, 151 ff., bes. 169 nur in Überspitzung einer an sich feinsinnigen Erklärungsweise behaupten können.

27. Zu S. 10 Z. 20: Die Flucht und Errettung der Frommen ist in der östlichen Welt eine geläufige Vorstellung gewesen. Sowohl die jüdisch-christlichen Apokalypsen (etwa Marc. 13, 14. Matth. 24, 16. Luk. 21, 21; vgl. Offenb. Joh. 18, 4; weiteres bei Bousset, Antichrist [oben Anm. 19 S. 33] 140 ff.) wie die Weissagungen des Hystaspes (Laktanz, Div. Inst. 7, 17, 10; 18, 2. Windisch [oben Anm. 19 S. 31] 72. Cumont [ebenda] 83) stellen sie für die Endzeit in Aussicht (die breiteste Schilderung bei Laktanz a. O. 17,9 ff., CSEL 19 S. 639, 15 ff. [vgl. oben Anm. 19 S. 32] *id erit tempus quo iustitia proicietur et innocentia odio erit, quo mali bonos hostiliter praedabuntur. non lex aut ordo aut militiae disciplina servabitur, non canos quisquam reverebitur, non officium pietatis adgnoscet, non sexus aut infantiae miserebitur: confundentur omnia et miscebuntur contra fas, contra iura naturae. ita quasi uno communique latrocinio terra universa vastabitur. cum haec facta erunt, tum iusti et sectatores veritatis segregabunt se a malis et fugient in solitudines ...* 18, 2 *Hystaspes enim ... descripta iniquitate saeculi huius extremi pios ac fideles a nocentibus segregatos ait cum fletu et gemitu extenturos esse ad caelum manus et imploraturos fidem Iovis: Iovem respecturum ad terram et auditurum voces hominum atque impios extincturum*). Wenn diese Verkündigungen anders als Horaz zumeist an einen Auszug in die Wüste und ins Gebirge denken, so steht am Ende des Weges doch auch hier die Belohnung mit einem mehr oder weniger sinnlich verstandenen seligen Leben. Versuche, die Flucht zu verwirklichen, sind aus der jüdischen Geschichte bekannt (s. etwa Ed. Meyer, Ursprung und Anfänge des Christentums 2, Stuttgart 1921, 404 f., auch 47 f.; unkritisch Rob. Eisler, Ἰησοῦς βασιλεὺς οὐ βασιλεύσας 2, Heidelberg 1930, 243ff., vgl. 172 Anm. 3). In Rom mögen entsprechende Gedanken durch Schriften aus der Masse der später von Augustus vernichteten *libri fatidici* (Suet., Aug. 31, 1) verbreitet worden sein; wie stark solche östlichen Erwartungen auch bei den Gebildeten Beachtung fanden, zeigt das Gegenstück der horazischen Epode, die 4. Ekloge Vergils, deren Segensvorstellung man ebenfalls gerade auf jene *libri fatidici* zurückgeführt hat (Norden, Geburt des Kindes [oben Anm. 19] 154), sowie wohl auch, wenn die oben S. 9 vorgetragenen Vermutungen richtig sind, die dort erwähnte Stelle aus dem Briefe des Sallust (vgl. auch Kroll, Nigidius Figulus, RE 17, 208f.). Horaz seinerseits scheint eine Verkündigung vor Augen gehabt zu haben, die ganz in der Art der Orakel des Hystaspes und in manchem an eine berühmte alttestamentliche Weissagung gegen Babylon erinnernd (Jer. 50, bes. 3. 8f. 41f.) von der künftigen — durch Bürgerkriege eingeleiteten (vgl. Laktanz, Div. Inst. 7, 16, 1 [oben S. 32]) — Vernichtung Roms sowie dem Auszug und der Belohnung der Frommen sprach (richtig schon Windisch 92; unergiebig dagegen die ältere Herbeiziehung von Orac. Sibyll. 3, 464ff., zuletzt bei Kurfeß, Philologus 91, 1936, 417). Die vielfach als Schwierigkeit empfundene Tatsache, daß Horaz nicht nur unterläßt, die Römer zum Widerstande gegen die einbrechenden Barbaren aufzurufen, sondern daß er darüber hinaus gerade die in das »Schlaraffenland« Fliehenden als die *melior pars* der Bürgerschaft (15) und als *pii* (66) bezeichnet (R. C. Kukula, Röm. Säkularpoesie, Leipzig 1911, 16ff. Drexler, Stud. ital. d. filol. class. N. S. 12, 1935, 126ff.), fände so ihre ungezwungene Erklärung: in der Schrift, die von den letzten Dingen sprach, gab es gegenüber der einen großen Frage nach dem Schicksal der Frommen die Sorge um Staat und Heimat nicht mehr. Die schöpferische Leistung des Horaz, dessen Selbstbezeichnung als *vates* (66) nun einen neuen Sinn gewinnt, hätte demnach, auf den Inhalt des Gedichtes gesehen, im wesentlichen dieses umfaßt: er hätte, indem er entschlossen die Gegenwart mit der Endzeit gleichsetzte, das Erlebnis der politischen Not in der Form einer ihrem Ursprunge nach religiösen Rede zum Ausdruck gebracht; er hätte die Eindringlichkeit dieser Rede erhöht, indem er an die Stelle einer Beschreibung zwangsläufig kommender Ereignisse den nach altgriechischem Vorbilde (besonders Archilochos fr. 52 D) gestalteten Aufruf zur freien Tat setzte, der als ermutigendes Beispiel der Vergangenheit den Auszug der Phokäer nannte (17ff. nach Herodot 1, 165); endlich hätte er die Rede vergeistigt, indem er als das Ziel der Auswanderung die Inseln der Seligen bezeichnete, deren Erwähnung zunächst an den bekannten Plan des Sertorius erinnerte (vgl. Plutarch, Sert. 8. Sallust, Hist. 1 fr. 100—103, S. 43 Maurenbr.), deren übersteigerte Schilderung dann aber dem Gedichte eine so entschiedene Wendung in das Unwirkliche gab, daß es als Ganzes jetzt allein auf eine sinnbildliche Deutung Anspruch erheben konnte (vgl. Klingner, Die Antike 5, 1929, 25f.). Die innere Bereitschaft aber zur Gestaltung eines solchen Gedichtes besaß Horaz, weil überhaupt die Welt, in der er lebte, den Glauben an Rom nicht mehr unbeirrt bewahrte.

28. Zu S. 11 Z. 2: Horaz, Epode 7; dazu unten Anm. 46. Vgl. auch Barwick, Philologus 90, 1935, 273ff. — Als ein drittes Gedicht zeitnahen Inhaltes aus den Anfängen des Horaz wird man nach den überzeugenden Ausführungen von Stroux, Philologus 90, 1935, 323ff. das stimmungsverwandte »wilde Lied« Epode 13 zu den Epoden 16 und 7 hinzunehmen dürfen.

29. Zu S. 11 Z. 8: Vergil, Georg. 1, 501 f.: *sanguine nostro Laomedonteae luimus periuria Troiae.* Daß Vergil »dies Motiv wohl nicht als erster hervorgezogen hat«, vermutet Heinze im Kommentar (⁷ Berlin 1930) zu Horazens 3. Römerode V. 21 ff., wo Juno erklärt (vgl. oben S. 12), Ilion sei ihr und Minerva verfallen gewesen *ex quo destituit deos mercede pacta Laomedon.*

30. Zu S. 11 Z. 23: Vgl. Anm. 27 Ende.

31. Zu S. 11 Z. 34: Hülsen, Corfinium, RE 4, 1226. Heinr. Nissen, Ital. Landeskunde 1, Berlin 1883, 340; 2, 1902, 447f.

32. Zu S. 12 Z. 4: Cicero, De lege agr. 1, 18 *iam aperte ostendent sibi nomen huius rei publicae, sedem urbis atque imperi, denique hoc templum Iovis Optimi Maximi atque hanc arcem omnium gentium displicere. Capuam colonos deduci volunt, illam urbem huic urbi rursus opponere, illuc opes suas deferre et imperi nomen transferre cogitant.* — 2, 86 ff. *contra hanc Romam, communem patriam omnium nostrum, illa altera Roma quaeretur* . . . 89 *expulsis aratoribus, effusis ac dissipatis fructibus vestris eandem Capuam sedem novae rei publicae constituunt, molem contra veterem rem publicam comparant.* Vgl. Weber (oben Anm. 20) 62f. Noch in der 12. Philippischen Rede wird Capua von Cicero eine *Roma altera* genannt (§ 7).

33. Zu S. 12 Z. 13: Sueton, Div. Iul. 79, 4 *varia fama percrebuit migraturum Alexandream vel Ilium translatis simul opibus imperii exhaustaque Italia dilectibus et procuratione urbis amicis permissa.* Vgl. Nikolaos v. Damaskus, Vita Caesaris 20 (FGrHist 90 F 130). Weber 76.

34. Zu S. 12 Z. 28: Es ist unverständlich, wie Heinze (oben Anm. 29) 262 unter ausdrücklicher Ablehnung der anderslautenden Erklärungen (s. vor allem Mommsens Akademierede vom 24. 1. 1889 = Reden und Aufsätze, Berlin 1905, 173 ff.) die Ansicht vertreten konnte, das Verbot, Troia wieder aufzubauen, habe bei Horaz nur die Bedeutung einer »poetischen Einkleidung« und diene lediglich dazu, »mit der Prophezeiung römischer Größe das Gegenbild des für immer vernichteten Troia als warnendes Beispiel zu verknüpfen«; vgl. auch Heinzes Besprechung des Gedichtes in seinem Vortrage Der Zyklus der Römeroden, Neue Jahrbücher f. Wissensch. u. Jugendbildg. 5, 1929, 683 ff. — Bei der Erklärung der Römeroden sollte W. Warde Fowler, Roman Essays and Interpretations, Oxford 1920, 210 ff. nicht übersehen werden.

35. Zu S. 12 Z. 31: In Rom sprach man dem Antonius vor dem entscheidenden Kampfe die Absicht zu, im Falle des Sieges Rom der Kleopatra zu schenken und den Sitz der Herrschaft nach Ägypten zu übertragen; Dio 50, 4, 1. Aber gerade das Gedicht des Horaz gestattet die Vermutung, daß Antonius dann auch den anderen Plan, den Caesar erwogen haben soll, den der Rückkehr nach Troia, in seine Berechnungen aufgenommen hat (Mommsen a. O.). Wollte er seiner Monarchie, deren Schwergewicht auf jeden Fall im Osten gelegen hätte, eine neue Hauptstadt geben, so konnte er die Frage, wie weit dadurch das Empfinden der Öffentlichkeit getroffen wurde, nicht unbeachtet lassen. Die Bevorzugung der alten Heimatstadt Troia aber hätte sehr viel weniger Verletzendes gehabt als die Wahl des berüchtigten Alexandrien; zumal bei einer hinreichend geschickten Werbetätigkeit konnte sie wenigstens in einem Teil der Bevölkerung wohl auf Verständnis rechnen (vgl. Fowler 217f., der aber die von Leaf, Journ. of Philology 34, 1915/18, 283 ff. vorgetragene Deutung der horazischen Ode 1, 14 nicht hätte anerkennen sollen). Octavian, der besonderen

Wert darauf legte, Antonius auch geistig zu überwinden (s. etwa Otto Immisch, Zum antiken Herrscherkult, in dem Sammelbande Aus Roms Zeitwende [= Das Erbe der Alten, 2. Reihe 20], Leipzig 1931, 22ff.), durfte auf solche Pläne die Antwort nicht schuldig bleiben. In welcher Weise er ihnen entgegentrat, zeigt zu seinem Teile das Gedicht des Horaz.

36. Zu S. 12 Z. 39: Livius 5, 51—54; vgl. Mommsen (oben Anm. 34) 175 (dazu Mommsen und Wilamowitz, Briefwechsel, Berlin 1935, 359. 361f.). Franz Altheim, Röm. Religionsgeschichte 3, Berlin 1933, 49. Ein Nachhall der früheren Erörterungen scheint sich bei Vergil zu finden, Aen. 12, 826ff.: *sit Latium, sint Albani per saecula reges, / sit Romana potens Itala virtute propago: / occidit occideritque sinas cum nomine Troia*; vgl. Fowler (oben Anm. 34) 218.

37. Zu S. 13 Z. 21: Livius 9, 17—19; dieselbe Frage später bei Plutarch, De fortuna Romanorum 13. Vgl. Momigliano, Livio, Plutarco e Giustino su virtù e fortuna dei Romani, Athenaeum 12, 1934, 45ff.

38. Zu S. 14 Z. 14: Livius 9, 18, 6 *id vero periculum erat, quod levissimi ex Graecis qui Parthorum quoque contra Romanum nomen gloriae favent dictitare solent, ne maiestatem nominis Alexandri, quem ne fama quidem illis notum arbitror fuisse, sustinere non potuerit populus Romanus.* Die Anschauung, die hier im besonderen bekämpft wird, beruht auf einer Gesamtauffassung Alexanders, wie sie bei Justin 12, 13, 2 zum Ausdruck kommt, wo es nach der Erwähnung der aus aller Welt bei Alexander erschienenen Gesandtschaften heißt *adeo universum terrarum orbem nominis eius terror invaserat, ut cunctae gentes velut destinato sibi regi adularentur* (vgl. Ed. Schwartz, Curtius, RE 4, 1887). Daß auch von den Römern Gesandte gekommen seien, hatte als sichere Tatsache Kleitarch berichtet (FGrHist 137 F 31 mit Jacobys Kommentar); gegen eine böswillige Verwertung seiner Angabe (eine wohlwollende bei Arrian, Anab. 7, 15, 5) wendet sich die schroffe Bemerkung des Livius, daß Alexander den Römern wohl nicht einmal vom Hörensagen bekannt geworden sei (Jacoby, Kommentar zu FGrHist 88 [Timagenes] T 9); vgl. auch Erwin Mederer, Die Alexanderlegenden bei den ältesten Alexanderhistorikern, Stuttgart 1936, 108ff. — Daß Livius sich gegen einen bestimmten Gegner wendet, bestreitet zu Unrecht Laqueur, Timagenes, RE 2. Reihe 6, 1066ff. Unter der pluralischen Bezeichnung *levissimi ex Graecis* einen einzelnen Schriftsteller zu verstehen, macht nicht nur keine Schwierigkeiten, sondern ist geradezu gefordert; vgl. Raph. Kühner, Grammatik der latein. Sprache 2, 1, 2. Aufl., bearb. von C. Stegmann, Hannover 1912, 86ff. Daß »sich verschiedene nicht aufeinander abgestimmte Gedankengänge bei Livius kreuzen«, wird der unbefangene Leser nicht anerkennen. — S. auch Anm. 41. 44.

39. Zu S. 14 Z. 25: Über die griechische Herkunft der Römer s. etwa Dionys, Antiquit. Rom. 1, 5. 90; (4, 26, 5); 7, 70, 1ff.; auch 1, 60, 3ff. Vgl. Norden, Vergils Aeneis usw. (oben Anm. 4) 324ff., im besonderen über die Ableitung der lateinischen Sprache aus der griechischen 326 Anm. 1. Jul. Jüthner, Hellenen und Barbaren, Leipzig 1923, 69ff., über die Sprache 75. Zur Übernahme dieser Sprachbetrachtung durch die Juden s. Krauß, Magazin f. d. Wissensch. d. Judentums 20, 1893, 107f.

40. Zu S. 14 Z. 37: Dionys, Antiqu. 1, 4, 2ff.: »Noch nämlich ist fast allen Griechen die ältere römische Geschichte unbekannt, und durch falsche Vorstellungen, die auf irgendwelchen Gerüchten beruhen, sind die meisten in die Irre geführt, als ob die ersten Bewohner, die Rom fand, nur heimatloses, wanderndes Volk (ἀνέστιοί τινες καὶ πλάνητες) barbarischer und nicht einmal freier Abkunft gewesen seien und als ob Rom nicht durch Frömmigkeit und Gerechtigkeit (vgl. oben Anm. 9; ferner Dionys 1, 5, 3; 2, 18, 1 ff.; 2, 62, 5 ff.; 20, 6, 1 ff.) und die sonstige Tüchtigkeit mit der Zeit zur Herrschaft über die Welt gelangt wäre, sondern durch Zufall und durch die Ungerechtigkeit des Glücks (vgl. oben Anm. 4; ferner Dionys 2, 17, 3f.), das die größten der Güter wahllos den allerunwürdigsten Menschen schenkte (δι' αὐτοματισμόν τινα καὶ τύχην ἄδικον εἰκῇ δωρουμένην τὰ μέγιστα τῶν ἀγαθῶν τοῖς ἀνεπιτηδειοτάτοις). Und die Böswilligeren pflegen das Glück ganz offen anzuklagen, daß es den größten Schurken unter den Barbaren die hellenischen Güter verschaffte (ὡς βαρβάρων τοῖς πονηροτάτοις τὰ τῶν Ἑλλήνων πορι3ομένης ἀγαθά). Und was soll man von den anderen sagen, da sogar unter den Geschichtschreibern einige gewagt haben, in ihren Werken solches niederzulegen, indem sie Darstellungen, die weder unparteiisch noch zutreffend sind, Barbarenkönigen zu Gefallen schrieben, welche die römische Herrschaft haßten und denen sie selbst dauernd zu Dienst und Lust bereit standen (ὅπου γε καὶ τῶν συγγραφέων τινὲς ἐτόλμησαν ἐν ταῖς ἱστορίαις ταῦτα γράψαντες καταλιπεῖν, βασιλεῦσι βαρβάροις μισοῦσι τὴν ἡγεμονίαν, οἷς δουλεύοντες αὐτοὶ καὶ τὰ καθ' ἡδονὰς ὁμιλοῦντες διετέλεσαν, οὔτε δικαίας οὔτ' ἀληθεῖς ἱστορίας χαριζόμενοι)?« Vgl. 1, 5, 2; 1, 89, 1; 7, 70, 1. 5. Wie der hier erwähnte »Geschichtschreiber« (über die pluralische Bezeichnung s. Anm. 38 Ende) seinen Gegenstand im einzelnen behandelt hat, lassen gelegentliche weitere Angaben des Dionys erkennen. Die ältesten Bewohner Roms, die Aboriginer, wurden als heimatlose Nomaden (ἀνέστιοι καὶ πλάνητες oben in der übersetzten Stelle; s. auch 7, 70, 1; 3, 10, 4) geschildert, die aus verschiedenen Gegenden zufällig an dem einen Orte zusammengekommen waren, dort in einer befestigten Siedlung seßhaft wurden und ihren Lebensunterhalt in Raub und Weidegang fanden; demgemäß habe ihr Name in Wahrheit vielmehr Aberriginer gelautet (Dionys 1, 10, 2; die Bemerkung über die Verwandtschaft mit den Lelegern ist wohl eine eigene Zutat des Dionys). Die Geschichte von der Einrichtung des Asyls durch Romulus — in der bekannten Form möglicherweise an sich bereits eine Erfindung romfeindlicher Kreise (Ed. Schwartz, Dionys von Halikarnass, RE 5, 959; anders Castiglioni [oben Anm. 2] 628; zum Asyl als solchem vgl. Altheim [oben Anm. 36] 2, Berlin 1932, 49 ff.) — bot Anlaß zu betonen, daß ein wesentlicher Teil der ältesten römischen Bevölkerung aus entlaufenen Sklaven bestanden habe. Die Zuverlässigkeit der Überlieferung wurde durch gewisse Erscheinungen des römischen staatlichen Lebens bestätigt gefunden. So wurde der Name der Patrizier damit erklärt, daß von den ersten Bewohnern Roms nur die wenigen, die jene Bezeichnung führten, imstande gewesen seien, ihre Väter zu nennen, während die übrigen als ehemalige Sklaven von ihrer Herkunft nichts zu sagen gewußt hätten. Zum Beweis für die Richtigkeit dieser Deutung wurde angeführt, daß die römischen Könige, wenn sie Versammlungen beriefen, aus der Zahl der Patrizier jeden einzelnen sowohl mit seinem eigenen wie mit des Vaters Namen durch einen Herold auffordern ließen, die Plebejer aber insgesamt durch Hornruf benachrichtigten (Dionys 2, 8, 3f.; zu dieser nicht ganz klaren Vorstellung vgl. etwa Ludw. Lange,

Röm. Altertümer 1³, Berlin 1876, 401. Theod. Mommsen, Röm. Staatsrecht 3³, Leipzig 1887, 306ff.). Gleichfalls um den Vorwurf der rassischen Minderwertigkeit der Römer handelte es sich, wo der römische Grundsatz, die freigelassenen Sklaven ohne weiteres als Bürger zu betrachten, mit sicherem Blick für seine letztlich verhängnisvollen Wirkungen angegriffen wurde (Dionys 4, 24, 8. Schwartz a. O.; mit Anerkennung hat auf das römische Verfahren noch 214 v. Chr. Philipp von Makedonien im Briefe an die Larissäer hinweisen können, vgl. Gelzer [oben Anm. 5] 146). — Die Erzählung vom Asyl und von der wenig einwandfreien Zusammensetzung der ältesten römischen Bevölkerung haben die Römer selbst mit voller Unbefangenheit vorgetragen; s. etwa Sallust, Catil. 6, 1. Livius 1, 8, 5ff.; 5, 53, 9. Ovid, Fast. 3, 433. Seneca, Controv. 1, 6, 4. Juvenal 8, 272ff. (Schnayder, Archiwum [oben Anm. 2] 14f.). Man durfte in ihr geradezu ein Zeugnis dafür sehen, in wie fernen Zeiten schon die Großzügigkeit gegenüber der fremden Umwelt betätigt war, die von den Römern stets als einer der wesentlichsten Gründe ihrer Erfolge angesehen worden ist (vgl. Dionys, Antiqu. 2, 15, 3). Erst die Christen dachten anders (s. unten Anm. 85).

41. Zu S. 15 Z. 2: Die Vermutung ist ausgesprochen von Ed. Schwartz, Curtius, RE 4, 1888, der auch die Auffassung Alexanders des Großen und seiner Nachfolger im 11. und 12. Buch des Trogus (Justin) mit jenem partherfreundlichen Schriftsteller, freilich äußerst vorsichtig, im Zusammenhang bringen wollte. Wenn Alexander bei Trogus als der »gewaltige Tyrann« geschildert wird, »der alles bezwingt, dem kein Feind und keine Stadt widerstehen kann« (Schwartz 1886; vgl. Ernst Schneider [Titel s. u.] 33ff.), und wenn ebenso seine Mitarbeiter zu einzigartigen Gestalten von überragender Bedeutung erhöht werden (vgl. bes. 13, 1, 11ff. *ea formae pulchritudo et proceritas corporis et virium ac sapientiae magnitudo in omnibus fuit, ut qui eos ignoraret non ex una gente sed ex toto terrarum orbe electos iudicaret ... 14 quis igitur miretur talibus ministris orbem terrarum victum, cum exercitus Macedonum tot non ducibus sed regibus regeretur?*), so soll dieses nach Schwartz auf griechischer Seite ursprünglich gegen die Selbstgewißheit der Römer gerichtet gewesen sein, welche meinten, daß Rom mit der unerschöpflichen Fülle seiner tüchtigen Männer dem einen auf sich selbst gestellten Könige niemals zum Opfer gefallen wäre (so auch Jacoby, Kommentar zu FGrHist 88 [Timagenes] F 12). Aber die Beziehung ist, selbst wenn man mit Abschwächungen des Trogus rechnet, kaum deutlich genug zum Ausdruck gebracht (12, 13, 1 braucht Trogus die römische Gesandtschaft [oben Anm. 38] nicht absichtlich unterdrückt zu haben, wie Schwartz 1887 vermuten möchte), im Gegenteil erscheinen die Diadochen unmittelbar nach jener bewundernden Würdigung — der man im übrigen die des Pyrrhos 25, 5, 3ff. und des Mithridates 37, 1, 7ff. an die Seite stellen darf — geradezu als die Zerstörer des Reiches (ähnliche Einwände bei Werner Hoffmann [oben Anm. 3] 60f.). Sicher irrig aber ist die immer wieder vertretene Meinung, daß ganz allgemein bei Trogus eine römerfeindliche Gesinnung und dementsprechend eine starke Eingenommenheit für die Parther zutage trete (zuletzt Momigliano [oben Anm. 37] 50ff. und Mart. Schanz, Geschichte der röm. Literatur 2, 4. Aufl., bes. von C. Hosius, München 1935, 322f.; vorsichtig wiederum Schwartz 1888). Gegen diese Anschauung, die auf einige rasche und zudem nicht vorurteilsfreie Beobachtungen von Gutschmid, Trogus und Timagenes, Rhein. Museum 27, 1882, 552 (= Kleine

Schriften 5, 223) zurückgeht, sind die nötigsten Beweisstellen schon von Ernst Schneider, De Pompei Trogi Histor. Philipp. consilio et arte, Diss. Leipzig 1913, 50ff., bes. 54ff. zusammengebracht worden (angesichts der üblichen Auswertung der Stelle 30, 4, 16 *Macedonas Romana fortuna vicit* hätte von der Bedeutung, welche die *fortuna* überhaupt bei Justin besitzt, ausführlicher gehandelt sein sollen [richtig Luigi Castiglioni, Studi intorno alle 'Storie Filippiche' di Giustino, Neapel 1925, 11 Anm. 2], vgl. 5, 1, 10; 6, 2, 9; 23, 3, 12; 34, 1, 3; 39, 5, 3; 41, 6, 2 [*Parthorum fortuna*]; 43, 2, 5; dabei wäre zu betonen gewesen, daß *fortuna* und *virtus* nicht immer als unvereinbare Gegensätze empfunden worden sind; vgl. Cicero, De re publ. 2, 30 *non fortuito populum Romanum sed consilio et disciplina confirmatum esse nec tamen adversante fortuna.* Gellius 17, 21, 33 *fama virtutis felicitatisque Romanae apud ceteras gentes enitescere inceptabat*; ferner Liv. 9, 17, 3; 33, 33, 8 [= Polyb. 18, 46, 14f.]. Joseph., Bell. Iud. 2, 373. Dio v. Prusa 31, 68. Plutarch, De fortuna Roman. 316 E. 317 C. 321 B. Florus 1 praef. 2 [vgl. 2, 6, 13]. Amm. Marc. 14, 6, 3. Donat zu Verg. Aen. 6, 784f. [einiges schon bei Gernentz ⟨oben Anm. 1⟩ 96f.]). Die Klarheit der Verhältnisse darf nicht dadurch beeinträchtigt werden, daß man sagt, erst Trogus selbst habe sich bemüht, seiner griechischen Vorlage die Schärfen zu nehmen (so Jacoby a. O. S. 221 und Schanz-Hosius). Es wäre schwer zu verstehen, warum Trogus bei dieser überlegten Bearbeitung, die gleichzeitig die Parther planmäßig herabgesetzt haben müßte (vgl. etwa 36, 1, 3; 38, 9, 10; 38, 10, 5; 39, 1, 3; 41, 3, 7. 10; 42, 4, 16), an manchen Stellen doch wieder darauf verzichtet hätte, die Merkmale der früheren Einseitigkeit zu tilgen. In Wahrheit ist das politische Urteil bei Trogus so unbefangen, wie es die ganze Anlage des Werkes erwarten läßt. Damit aber entfällt zugleich jeder Grund für die Vermutung, daß der griechische Geschichtschreiber, welchem Trogus folgt, und der von Livius bekämpfte partherfreundliche Römerfeind dieselbe Persönlichkeit seien, in der man Timagenes (vgl. unten Anm. 44) zu erkennen habe (für diese Gleichsetzung trotz Schwartz 1888 neben anderen wieder Jacoby S. 221. 223 [T 9]. 227f. [F 12] sowie Schanz-Hosius; dagegen Momigliano a. O., der freilich ebenso irrig die Vorlage des Trogus wegen ihrer angeblichen Betonung der τύχη der Römer an die von Dionys bekämpfte Geschichtsdarstellung möglichst nahe heranbringen und zusammen mit dieser von der bei Livius berücksichtigten Schrift absondern möchte; übrigens hat Jacoby wohl nicht scharf genug zugegriffen, wenn er in der Fragmentsammlung a. O. nur Livius 9, 18, 6 [= T 9] und nicht auch 9, 18, 9 wörtlich wiedergibt).

42. Zu S. 15 Z. 8: Von der romfeindlichen Schriftstellerei des Metrodor sagt Ovid, Ex Ponto 4, 14, 37f. (= FGrHist 184 T 6b) *non loca* (wie Ovid selbst es in dem trostlosen Tomis getan hatte) *sed mores scriptis vexavit amaris Scepsius Ausonios actaque Roma rea est.*

43. Zu S. 15 Z. 9: Plinius spricht Nat. Hist. 34, 34 (= FGrHist 184 T 6a) von dem *cognomen a Romani nominis odio inditum;* der Name kann nicht anders gelautet haben als μισορώμαιος (vgl. Plut., Anton. 54). Die Frage, in welcher oder welchen seiner Schriften Metrodor die Feindschaft gegen Rom bekundet hat, läßt sich aus Mangel an Zeugnissen nicht beantworten (vgl. Jacoby, Kommentar zu 184 S. 609), doch ist aus der soeben Anm. 42 wiedergegebenen Ovidstelle zu entnehmen, daß nicht etwa nur die allgemeine Haltung seiner Schriftstellerei oder verstreute Bemerkungen in Betracht kommen. Als Einzelheit erwähnt Plinius a. O. (= F 12), Metrodor werfe den Römern vor, sie hätten Volsinii um 2000 etruskischer Statuen willen erobert (über die Grundlage dieses Vorwurfs, das hemmungslose Fortschleppen von Kunstwerken durch die Römer, s. Schnayder, Archiwum [oben Anm. 2] 40f.; Hauptstellen: Polyb. 9, 10, 2ff. Liv. 25, 40, 2. Cicero, De imp. Cn. Pomp. 40; De prov. consul. 7; In Verrem passim). Vielleicht dürfen auch manche Gedanken der gleich im Texte zu erwähnenden Rede, die dem Mithridates von Trogus zugewiesen ist (Justin 38, 4ff.), für Metrodor in Anspruch genommen werden. — Ein anderer Grieche, der sich für Mithridates einsetzte, war Aisopos, der Vorleser des Königs, der ein Enkomion auf ihn schrieb (FGrHist 187a T 1), aber auch schon vorher für ihn geworben haben mag. Von den Mithridatika des Herakleides von Magnesia (FGrHist 187) ist außer dem Titel und dem Namen des Verfassers nichts bekannt; jedoch wird man annehmen dürfen, daß auch dieser in Kleinasien beheimatete Grieche den Ruhm des Mithridates zu verbreiten gesucht hat. — Von den Orakeln, die für Mithridates arbeiteten, ist bereits oben Anm. 20 die Rede gewesen.

44. Zu S. 15 Z. 16: Das Wort des Timagenes steht bei Seneca, Epist. 91, 13 (FGrHist 88 T 8). Wenn Seneca den Timagenes einleitend als *felicitati urbis inimicus* bezeichnet, so denkt er zwar zunächst nur an jene boshafte Bemerkung, die sich eben gegen die *urbs* als solche richtete, aber sein Urteil war in dieser Form doch nur möglich, wenn es gleichzeitig in allgemeinerem Sinne Gültigkeit hatte (nicht befriedigend Laqueur [oben Anm. 38] 1068). Eine hinreichend deutliche Anschauung davon, wie sich in der offenbar sehr wirkungsvollen Geschichtschreibung des Timagenes seine grundsätzliche Haltung ausgeprägt hat, läßt sich aus dem, was zur Verfügung steht, nicht gewinnen. Daß der *homo acidae linguae* (Seneca, Controv. 10, 5, 22 [= T 2]) eher der ungünstigen als der günstigen Überlieferung oder auch nur Vermutung zu folgen pflegte, wird man nach der Probe bei Plutarch, Pompeius 49 (= F 9) verallgemeinernd aussprechen dürfen. In den reichlichen Schilderungen landes- und völkerkundlicher Art mag er bei Gelegenheit peinliche Vergleiche gezogen haben (die Belegstelle ist Ammian 15, 12, 3 [=F 15], wo in der auf Timagenes zurückgehenden Beschreibung der Gallier angemerkt wird *nec eorum aliquando quisquam, ut in Italia, munus Martium pertimescens pollicem sibi praecidit;* jedoch ist es nicht ausgeschlossen, daß die Worte von Ammian selbst stammen). — Daß Timagenes der von Livius abgewehrte Partherfreund gewesen sei, ist zum mindesten nicht beweisbar (vgl. oben Anm. 38. 41). Völlig unmöglich ist es, in ihm den von Dionys bekämpften griechischen Geschichtschreiber zu sehen. Dionys sagt eindeutig, daß dieser sich am Hofe des Barbarenkönigs aufgehalten habe (βασιλεῦσι βαρβάροις .., οἷς ... τὰ καθ' ἡδονὰς ὁμιλοῦντες διετέλεσαν; unentschieden Klotz, Livius, RE 13, 833), während von Timagenes bekannt ist, daß er als Rhetoriklehrer und Geschichtschreiber ständig entweder in Rom selbst oder in der Umgebung von Rom gelebt hat.

45. Zu S. 15 Z. 20: Über die Stimmung, die bei den unterworfenen Völkern herrschte, sowie über die Berechtigung dieser Gefühle haben die einsichtigen Römer niemals Zweifel gehabt. Das zeigt sich nicht nur in der römischen Geschichtschreibung, die durch das Mittel der Rede weitgehend die Anschauungen der Gegner Roms zu Worte kommen läßt (darüber gleich oben im Text), sondern ebensosehr auch in unmittelbaren Äußerungen der Selbsterkenntnis. Schon im Senat des 2. Jahrhunderts scheint die Erbitterung, die von den Römern überall auf der Welt hervorgerufen wurde, offen erörtert zu sein, so im Jahre 167, als Cato sich für die Rhodier einsetzte, und 150, als Scipio Nasica für die Erhaltung Karthagos sprach (vgl. Gelzer, Nasicas Widerspruch gegen die Zerstörung Karthagos, Philologus 86, 1931, 261ff., bes. 270. 286ff. [288 ist die Stelle Liv. 42, 30, 3 zu Unrecht herangezogen]). Von dem *paene iustum odium imperi nostri* redet Cicero De prov. cons. 6; zehn Jahre vorher hatte er in seiner Empfehlung des Pompeius (De imper. Cn. Pomp. 65) gesagt *difficile est dictu, Quirites, quanto in odio simus apud exteras nationes propter eorum quos ad eas per hos annos cum imperio misimus libidines et iniurias. quod enim fanum putatis in illis terris nostris magistratibus religiosum, quam civitatem sanctam, quam domum satis clausam ac munitam fuisse? urbes iam locupletes et copiosae requiruntur, quibus causa belli propter diripiendi cupiditatem inferatur;* nicht weniger offen ist endlich das Eingeständnis In Verr. 2, 3, 207 *lugent omnes provinciae, queruntur omnes liberi populi, regna denique omnia de nostris cupiditatibus et iniuriis expostulant. locus intra Oceanum iam nullus est tam longinquus neque tam reconditus, quo non per haec tempora nostrorum hominum libido iniquitasque pervaserit. sustinere iam populus Romanus omnium nationum non vim non arma non bellum, sed luctus lacrimas querimonias non potest* (s. auch Vogt, Ciceros Glaube an Rom [oben Anm. 9] 48). Die gleiche Erkenntnis spricht in Kürze Caesar bei Lukan 7, 284f. angesichts der fremdstämmigen Truppen des Pompeius aus: *Romanos odere omnes dominosque gravantur, quos novere, magis.* Wie tief und wie weitreichend der Haß gegen die Römer war, der in allen Bevölkerungsschichten der *exterae nationes* lebte, offenbarte sich mit letzter Deutlichkeit im Jahre 88 vor Christus, als Mithridates die Tötung sämtlicher in Kleinasien befindlichen Römer und Italiker anordnete und dieser Befehl an etwa 80000 Menschen erbarmungslos vollstreckt wurde (Geyer, Mithridates VI., RE 15, 2170).

46. Zu S. 16 Z. 3: Justin 28, 2, 8ff. In dem Brudermorde hatte auch Horaz, freilich sehr viel tiefer blickend, eine Belastung der römischen Geschichte gesehen (oben S. 10f.); aufgrund der Justinstelle wird man vermuten dürfen, daß es sich um einen schon früher erhobenen Vorwurf handelt, den Horaz seinerseits umgestaltet hat (vgl. auch unten Anm. 85). Zur »Beurteilung der Römer in den Reden bei den römischen Schriftstellern« vgl. im allgemeinen Baumann (oben Anm. 2) 46ff., dessen Arbeit freilich nur den Wert einer überdies nicht sehr zuverlässigen Stellensammlung besitzt; ein besonders böses Versehen unterläuft ihm, wenn er nachdrücklich behauptet, ein Lob der Römer im Munde von Ausländern wie bei Polybios (21, 23, 2ff.) und Josephus (Bell. Iud. 2, 345ff.; 5, 362ff.) fände sich in der ganzen römischen Geschichtschreibung nicht; denn was Polybios die Rhodier sagen läßt, ist, wie zu erwarten, von Livius (37, 54, 4ff.) in allem wesentlichen übernommen. Daß die römerfeindlichen Reden bei Justin nicht gestatten, auf die politische Gesinnung dessen, der sie verfaßt hat, Schlüsse zu ziehen, sei wegen der oben Anm. 41 erörterten Fragen ausdrücklich bemerkt; die gleich im Text zu nennenden Stellen aus Sallust und Tacitus machen jedes weitere Wort darüber unnötig.

47. Zu S. 16 Z. 7: Justin 29, 2, 2ff.

48. Zu S. 16 Z. 19: Justin 38, 6, 7ff.; zur ganzen Rede vgl. auch Schneider (oben Anm. 41) 50ff.

49. Zu S. 16 Z. 30: Polybios 21, 11, 2ff. = Livius 37, 25, 4ff.; Castiglioni (oben Anm. 2) 630ff.

50. Zu S. 16 Z. 31: Die um die Mitte des 2. Jahrhunderts in der Bevölkerung des Ostens verbreiteten allgemeinen Vorstellungen von der Macht und der Politik der Römer werden sehr anschaulich aus einer den Römern günstigen Gesinnung heraus im ersten Makkabäerbuch wiedergegeben. Judas hört dort (8, 1 ff.), die Römer seien stark und mächtig und allen denen, die zu ihnen ständen, kämen sie freundlich entgegen, ihre Feinde aber unterwürfen sie und machten sie sich dienstbar. Ihre Kraft hätten die Galater, Spanier und Griechen erfahren, vor allem aber die verschiedenen Könige, die zum Teil vom Ende der Welt gegen sie herangerückt seien (§ 1—11). So beherrschten sie die Königreiche in der Nähe und in der Ferne, und wer nur irgend ihren Namen höre, fürchte sich vor ihnen (§ 12). »Alle, denen sie helfen und die sie herrschen lassen wollen, die herrschen, und wen sie absetzen wollen, den setzen sie ab« (§ 13). Gerade die Überwindung der Könige, von der hier mit besonderer Betonung die Rede ist, wird auch in den oben Anm. 18 ausgeschriebenen Versen der Sibyllinischen Orakel 3, 175ff. hervorgehoben, die von einem jüdischen Verfasser aus der Mitte des 2. Jahrhunderts stammen. Demnach schrieb Livius durchaus im Sinne dieser Zeit, wenn er eine an die Könige Eumenes und Antiochos gerichtete gleichlautende Mahnung des Makedonenkönigs Perseus, die nach Polybios 29, 4, 9 nur von den unmittelbar drohenden Gefahren sprach (μὴ παρορᾶν τὸν καιρὸν μηδ' ὑπολαμβάνειν πρὸς αὑτὸν μόνον ἀνήκειν τὴν ὑπερηφανίαν καὶ τὴν βαρύτητα τῶν 'Ρωμαίων, σαφῶς δὲ γινώσκειν, ὡς ἐὰν μὴ καὶ νῦν αὐτὸς συνεπιλαμβάνηται . . ., ταχέως πεῖραν λήψεται τῆς αὐτῆς ἑαυτῷ τύχης), auf das Grundsätzliche hin verstärkend so wiedergab (44, 24, 2ff.): *natura inimica inter se esse liberam civitatem et regem, singulos populum Romanum adgredi et, quod indignius sit, regum viribus reges oppugnare . . . 6 aut ad pacem secum faciendam compelleret Romanos aut perseverantes in bello iniusto communes duceret omnium regum hostes.*

51. Zu S. 16 Z. 37: Vgl. oben S. 15 mit Anm. 43. — Die Herkunft der römischen Könige beanstandet auch Mettius Fufetius in der Rede, die ihn Dionys, Antiqu. 3, 10 unter Verwertung mancher romfeindlicher Gedanken (s. auch oben Anm. 40 Mitte) halten läßt. Gegen die römische Sage von der Erzeugung und Aufzucht des Romulus und Remus konnten die Einwände vorgebracht werden, die bei Dionys, Antiqu. 1, 77. 84 und Plutarch, Romulus 4 (vgl. Justin 43, 2, 3) erwähnt sind: nicht Mars sei der Vater der Zwillinge, sondern einer der Freier der Rhea Silvia oder sogar deren eigener Oheim Amulius, der sich ihr in sinnverwirrender Erscheinung genähert habe, und nicht von einer Wölfin seien die Knaben aufgezogen, sondern von der Frau des Faustulus, die wegen ihres früheren Lebenswandels als *lupa* bezeichnet worden sei (Schnayder, Archiwum [oben Anm. 2] 7f.; s. auch Augustin, Civ. Dei 3, 3. 5; die Gründe für diese Umdeutung der Sage haben zunächst freilich in rationalistischen Bedenken gelegen). — Von der Wolfsnatur der Römer soll im Bundesgenossenkriege auch der Führer der vereinigten Italiker gesprochen haben: *numquam defutoros raptores Italicae libertatis lupos, nisi silva, in quam refugere solerent, esset excisa* (Vell. Paterc. 2, 27, 2; vgl. auch Livius 3, 66, 4 [Castiglioni ⟨oben Anm. 2⟩ 635]). An die in demselben Kriege geprägten Münzen mit dem Bilde des römischen Wolfes, der von dem italischen Stier überwältigt wird (Abbildungen z. B. bei

G. F. Hill, Historical Roman Coins, London 1909, Taf. 11, 49. Harold Mattingly, Roman Coins, London 1928, Taf. 18, 11 [danach die Strichätzung oben S. 24]; auch The Cambridge Ancient History, Vol. of Plates 4, Cambridge 1934, 3c), hat man in diesem Zusammenhange mit Recht erinnert (Schnayder 8 Anm. 3).

52. Zu S. 17 Z. 17: Sallust, Hist. 4 fr. 69, 5. 17. 20, S. 183. 185 Maurenbr. (dazu Karl Bauhofer, Die Komposition der Historien Sallusts, Diss. München 1935, 106f.). Dasselbe kürzer Bell. Jugurth. 81, 1 *Jugurtha Bocchi animum oratione accendit: Romanos iniustos, profunda avaritia, communis omnium hostes esse. eandem illos causam belli cum Boccho habere quam secum et cum aliis gentibus, lubidinem imperitandi, quis omnia regna advorsa sint. tum sese, paulo ante Carthaginiensis, item regem Persen, post uti quisque opulentissimus videatur, ita Romanis hostem fore.* Ähnlich Critognatus in seiner Rede bei Caesar, Bell. Gall. 7, 77, 15 *Romani ... quid petunt aliud aut quid volunt nisi invidia adducti quos fama nobiles potentesque bello cognoverunt horum in agris civitatibusque considere atque his aeternam iniungere servitutem. neque enim umquam alia condicione bella gesserunt.* Als *latrones* werden römische Bürger von dem Häduer Litaviccus bezeichnet ebda. 7, 38, 8. Vgl. Schnayder, Archiwum (oben Anm. 2) 51 ff.

53. Zu S. 17 Z. 28: Tacitus, Agric. 30 *raptores orbis, postquam cuncta vastantibus defuere terrae, mare scrutantur, si locuples hostis est, avari, si pauper, ambitiosi, quos non oriens, non occidens satiaverit. soli omnium opes atque inopiam pari adfectu concupiscunt. auferre trucidare rapere falsis nominibus imperium et ubi solitudinem faciunt pacem appellant.* Über die Gestaltung der Anklage und ihr Verhältnis zu Sallust vgl. Reitzenstein, Bemerkungen zu den Kleinen Schriften des Tacitus, Nachr. Götting. Gesellsch. d. Wissensch., Phil.-Hist. Kl. 1914, 262ff.; übersehen ist dort wie auch in den Kommentaren, daß der erste der angeführten Sätze in Seneca, De clem. 1, 3, 5 sein Vorbild hat, wo von dem menschlichen Geiste gesagt wird *cum ille imperavit, sive avarus dominus est, mare lucri causa scrutamur, sive ambitiosus, iam dudum dextram flammis obiecimus aut voluntarii terram subsiluimus;* richtige Zusammenordnung der beiden Stellen bei Max Zimmermann, De Taciti Senecae philosophi imitatore, Breslauer Philolog. Abhandl. 5, 1, Breslau 1889, 52.

54. Zu S. 17 Z. 37: Vgl. Fuchs, Augustin usw. (oben Anm. 20) 199ff.

55. Zu S. 18 Z. 6: Über das Bewußtsein der Lebenssicherheit im Römischen Reiche s. Fuchs 197.

56. Zu S. 18 Z. 9: Über den Rückgang der Wissenschaft klagt Plinius, Nat. Hist. 14 praef. 2ff. »Ich kann mich nicht genug wundern, daß die Erinnerung an einige Baumarten und sogar die Kenntnis ihrer von den Gelehrten überlieferten Namen verloren gegangen ist. Denn man sollte doch meinen, daß jetzt bei der allgemeinen Verkehrsfreiheit dieses glänzenden Friedenszustandes und da der Erdkreis durch die Hoheit des Römischen Reiches zur Einheit zusammengeschlossen ist, im Austausch seiner Güter das Leben Fortschritte gemacht habe und sogar alles das, was vorher noch verborgen gewesen war, dem öffentlichen Gebrauche zugänglich geworden sei. Aber leider gibt es niemanden, dem all das viele (*multa* ⟨*illa*⟩ scripsi), was die Alten überliefert haben, bekannt wäre. So viel fruchtbarer war die Sorgfalt der Vorzeit oder so viel glücklicher ihr Fleiß, hatte doch schon vor tausend Jahren, in den Anfängen des geistigen Lebens, Hesiod begonnen, den Bauern Vorschriften zu geben, nicht ohne zahlreiche Nachfolger in diesem Bemühen zu finden. So ist unsere Aufgabe doppelt groß, da wir uns nicht nur um die späteren Entdeckungen, sondern auch um die der Vorzeit zu bemühen haben, die bei dem allgemeinen Verfall in Vergessenheit geraten sind. Den Grund für diese beschämende Tatsache kann man nur in der Weltlage erkennen. Denn eine andere Lebensanschauung ist aufgekommen, die Gedanken der Menschen sind auf anderes gerichtet, und man versteht sich nur noch auf das Geldverdienen. Früher, als es noch Nationalstaaten gab und auch das geistige Leben sich in den Grenzen der einzelnen Nationen hielt, sah man sich, weil das Glück mit äußerem Wohlstand nicht allzu freigiebig war, darauf angewiesen, die geistigen Güter zu pflegen, zahllose Könige wurden durch Kunst und Wissenschaft geehrt und förderten sie zu eigenem Ruhm, weil sie glaubten, sich hierdurch die Unsterblichkeit zu sichern. Deswegen war das Leben reich sowohl an Arbeit wie an Lohn. Den folgenden Geschlechtern ist die Weite der Welt und die Größe der Verhältnisse nachteilig geworden. Seitdem ... man nur noch am Besitze Freude hat, ist der Wert des Lebens vernichtet, alle freie geistige Arbeit, die von dem höchsten Gut ihren Namen trägt, ist in ihr Gegenteil umgeschlagen und allein in der Unfreiheit macht man Fortschritte. Ihr huldigt man in wechselnden Formen und auf verschiedenen Gebieten, aber ein Wunsch beherrscht dabei alle: die Hoffnung, reich zu werden. Allgemein wollen selbst die Besten lieber fremde Unart als das eigene Gute ausbilden. So lebt man im Genuß und hat das Leben selbst verloren.« Vgl. Fuchs a. O. 198f.

57. Zu S. 18 Z. 10: Die Frage des taciteischen Dialogus, *cur ... nostra potius aetas ... laude eloquentiae orbata vix nomen ipsum oratoris retineat* (1, 1), hat ihre Entsprechung im letzten Kapitel der Schrift Περὶ ὕψους. Zum Teil in Übereinstimmung mit diesen beiden Abhandlungen, die jede auf ihre Weise für den Niedergang der Redekunst den Verlust der Freiheit und die sittlichen Schäden der Zeit verantwortlich machen, betrachtet Seneca Controv. 1 praef. 7 als Gründe für den Verfall den *luxus temporum*, den allgemeinen Wettbewerb um die *turpia multo honore quaestuque vigentia* oder das *fatum*, das stets auf die Höhe den Abstieg folgen läßt; s. auch Petron 1ff. Vgl. Ed. Norden, Die antike Kunstprosa 1, 3. Abdr., Leipzig 1915, 245ff. Fuchs a. O. 199 Anm. 1. Während in der republikanischen Zeit Friede und Freiheit zusammen als Vorbedingungen für das Gedeihen der Redekunst gegolten hatten (Cicero, De orat. 1, 30; 2, 33; Brutus 45; vgl. De orat. 1, 14; Orat. 141), stehen sie für das Bewußtsein der Kaiserzeit in erklärtem Gegensatze zueinander. Die Freiheit, die in der Vergangenheit herrschte, erscheint als friedlos, aber geistig fruchtbar, der Friede, den die Gegenwart besitzt, als reich an äußeren Gütern, jedoch arm an sittlichen ebenso wie an geistigen Werten und als möglich nur durch den Verzicht auf die Freiheit, die der Erhaltung des gefährdeten Daseins zum Opfer gebracht wurde (Tac., Dial. 40f. [nach einer mit Recht angenommenen Lücke]; Περὶ ὕψους 44).

58. Zu S. 18 Z. 12: Petron 88 läßt von einem Gespräch berichten, das in einer Gemäldesammlung geführt worden sei über die *causa desidiae praesentis, cum pulcherrimae artes perissent, inter quas pictura ne minimum quidem sui vestigium reliquisset.* Die Antwort lautet: *pecuniae cupiditas haec tropica instituit. priscis enim temporibus, cum adhuc nuda virtus placeret, vigebant artes ingenuae summumque certamen inter homines erat, ne quid profuturum saeculis diu lateret ... at nos vino scortisque demersi ne paratas quidem artes audemus cognoscere, sed accusatores antiquitatis vitia tantum docemus et discimus.* Sehr ähnlich Plinius, Nat. Hist. 2, 117f.: »Mehr als zwanzig griechische Gelehrte haben über die Windverhältnisse Beobachtungen vorgebracht. Um so stärker bin ich erstaunt, daß zwar damals, als der Erdkreis friedlos und in selbständige Staaten, das heißt doch in einzelne Stücke zerrissen war, so viele Männer sich mit derart schwierigen Fragen beschäftigt haben ..., daß aber jetzt, da ein so herrlicher Friede besteht und ein Kaiser herrscht, der mit einer solchen Teilnahme jeden sachlichen und geistigen Fortschritt verfolgt, durch neue Forschung überhaupt nicht mehr das Wissen erweitert wird, ja nicht einmal die von den Alten erzielten Einsichten zur Kenntnis genommen werden. Nicht war der äußere Ertrag reicher, da sich die Fülle des Wohlstandes auf so viele verteilte, und die Mehrzahl arbeitete früher zu keinem anderen Zwecke als dem, der Nachwelt zu dienen: der Bildungsstand der Welt ist gesunken, nicht der Wert der Bildung selbst *(mores hominum senuere, non fructus)*.« — Weiteres über das Bewußtsein des Kulturverfalls bei Walter Rehm, Der Untergang Roms im abendländ. Denken, Leipzig 1930, 14ff.; vgl. auch Vogt, Ciceros Glaube an Rom (oben Anm. 9) 46f.

59. Zu S. 18 Z. 14: Über den Widerstand der griechischen Reichsangehörigen gegen die Römer s. etwa Erwin Rohde, Der griech. Roman und seine Vorläufer, Leipzig 1876, 297ff. Wilh. Schmid, Der Atticismus in seinen Hauptvertretern 1, Stuttgart 1887, 38 Anm. 13; ders., Der kulturgeschichtl. Zusammenhang und die Bedeutung der griech. Renaissance in der Kaiserzeit, Leipzig 1898, 27. Ludw. Hahn, Rom und Romanismus im griech.-röm. Osten, Leipzig 1906, 140. 144. 157f. Joh. Geffcken, Der Ausgang des griech.-röm. Heidentums, Heidelberg 1920, 162ff. Jüthner (oben Anm. 39) 77ff. 81f. Schnayder (oben Anm. 2), Eos 146ff.; Archiwum 18ff. Baumann (oben Anm. 2) 25ff. — Günstige Urteile über das Reich bei Ludw. Hahn, Das Kaisertum, Leipzig 1913, 24ff.

60. Zu S. 18 Z. 16: Insbesondere verurteilte und mied man die widerwärtigen Tier- und Menschenabschlachtungen in den Amphitheatern: Plutarch, Praec. rei publ. ger. 30. Dio v. Prusa 31, 121 (dazu v. Arnim [unten Anm. 61] 216). Philostrat, Leben des Apollonios 4, 22 (dazu Ed. Meyer [unten Anm. 61] 158. 171). Lukian, Demonax 57; Anacharsis 37. Ps.-Kallisthenes, Hist. Alexandri Magni 3, 16, 37ff.; s. auch 'Plutarch', De esu carnis 2, 2. Josephus, Antiqu. 15, 274f. 'Julian', Epist. 198 Bidez (= 35 Hertl.) p. 408d; irreführend Geffcken 167 mit Anm. 68 über Libanios; vgl. Ludw. Friedländer, Darstellungen aus der Sittengeschichte Roms 2[10], Leipzig 1922, 105f. Hahn, Rom usw. 185f.; s. auch Jüthner 140 Anm. 204, der mit Recht an die Verrohung des Sportes in der Kaiserzeit erinnert. Neben den Amphitheatern waren die großen Bäderanlagen sichtbare Zeichen der Romanisierung; auch ihnen standen die überzeugungstreuen Griechen ablehnend gegenüber: Philostr. a. O. 1, 16; 4, 42 (Schnayder, Archiwum 30). Ebenso mußte die geistlose Prunksucht der Römer sowie die peinliche Unkultur ihrer protzenden Gesellschaften, die in manchen griechischen Kreisen eine allzu bereitwillige Nachahmung gefunden hatten, bei den Gebildeten auf entschiedene Gegenwehr stoßen: Philo, De vita contempl. 48ff. Lukian, Nigrinos 33. Mit der gleichen Strenge widersetzte man sich hier der Verwendung lateinischer Fremd- und Lehnworte (Julian, Misopogon 369 B. Georg Sievers, Das Leben des Libanios, Berlin 1868, 12. Foerster-Münscher, Libanios, RE 12, 2535, 33ff.), die in den breiten Schichten der Bevölkerung unbedenklich gebraucht wurden (s. etwa die Beispiele bei Hahn 226ff.). Auch vom Betriebe des Kaiserkultes werden nicht wenige sich ferngehalten haben (vgl. Epiktet 1, 19, 26ff. Pausan. 8, 2, 5; s. auch Taeger, Dions Kampf gegen den antiken Herrscherkult, Archiv f. Religionswissensch. 32, 1935, 282ff.). Seit Beginn des 3. Jahrhunderts, das heißt seit dem Erlaß der Constitutio Antoniniana, befand man sich überdies in der Abwehr gegen die Überfremdung durch das römische Recht (vgl. Contardo Ferrini, Lotte antiche e recenti contro il diritto romano, abgedruckt in den Opere di C. Ferrini 4, Mailand 1930, 413ff.).

61. Zu S. 18 Z. 16: Unter den Wanderphilosophen sind in ihrem Wirken besonders deutlich zu erkennen Dio von Prusa (Hans v. Arnim, Leben und Wirken des Dio von Prusa, Berlin 1898, bes. 117ff. 148f. 219f. 236f. 332f.) und Apollonios von Tyana. Die Überlieferung über den »Magier und Zauberer« Apollonios ist freilich in der Lebensbeschreibung des Philostrat zur frommen Legende von dem Gottesmanne und Propheten umgestaltet worden. Um so wertvoller ist es, daß sich eine der Vorlagen des Philostrat erhalten hat, eine Sammlung von angeblichen Briefen des Apollonios, die allerdings in Wahrheit zum Teil nur kurze mündliche Äußerungen darstellen; vgl. Ed. Meyer, Apollonios von Tyana und die Biographie des Philostratos, Kleine Schriften 2, Halle 1924, 133ff. (= Hermes 52, 1917, 371ff.), bes. 148ff. 159ff. 174ff.

62. Zu S. 18 Z. 18: Apollonios soll die Entartung der Athener beklagt (Epist. 70. Ed. Meyer 171. 176) und die Spartaner wegen ihres Abfalles von den Vätersitten getadelt haben (Epist. 63. Philostr. 4, 27. Ed. Meyer 171); in Sparta soll er für die Achtung der überkommenen Gesetze eingetreten sein (Philostr. 4, 31. 32), in Milet die Bürger an ihre edle Abkunft erinnert haben (Epist. 33). Mit Genugtuung hebt Philostrat hervor, daß infolge der Freiheitserklärung des Nero »die Gemeinden zu ihren dorischen und attischen Gebräuchen zurückkehrten«; auf den Widerruf jener Erklärung durch Vespasian läßt er demgemäß den Apollonios mit Schmähbriefen antworten (5, 41). Aus der gleichen Gesinnung heraus handelt Dio, wenn er die Bevölkerung von Alexandria (Or. 32, bes. 69ff. 95), Tarsos (Or. 34, bes. 38ff.) und Nikomedien (Or. 38, bes. 36ff.) unter Hinweis auf die römische Herrschaft zur Zucht und Selbstachtung mahnt und wenn er vor allem bei den Rhodiern das Gefühl dafür zu wecken sucht, daß sie die letzten noch lebenden Zeugen altgriechischen Wesens seien; er lobt ihre den Vorfahren entsprechende äußere Erscheinung, den Haarschnitt, die Kleidung und den gemessenen Gang, betont aber, daß dann vor allem auch das Denken und Handeln der großen Vergangenheit würdig sein müsse (Or. 31, 157ff.). Nicht weniger entschieden gab der Philosoph Demonax dem griechischen Kulturbewußtsein Ausdruck, als er einem ungebildeten Landsmann, der auf die Verleihung des römischen Bürgerrechtes stolz war, erklärte, der Kaiser hätte ihn lieber zu einem Griechen statt zu einem Römer machen sollen (Lukian, Demon. 40). Wie groß das Selbstgefühl einzelner Griechen in dieser Zeit gewesen ist, vermag man ferner an zwei Vorfällen zu erkennen, die Philostrat in seinen Lebensabrissen berühmter Sophisten mitteilt. Der Redner Polemon konnte es wagen, den Prokonsul von Asien, den späteren Kaiser Antoninus Pius, der sich in seiner Abwesenheit bei ihm einquartiert hatte, noch in derselben Nacht, in der er von seiner Reise heimkehrte, unter Berufung auf seine Standesvorrechte zum Verlassen des Hauses zu nötigen (1, 25, 3ff.; vgl. Rud. Herzog, Urkunden zur Hochschulpolitik der röm. Kaiser, Sitz.-Ber. Berl. Akad.

1935, 996), und ein gewisser Lukios (Capelle, RE 13, 1797f.) soll, als der Kaiser Marc Aurel auf dem Wege zur Philosophiestunde mit ihm zusammentraf, ausgerufen haben: »O Zeus, der römische Kaiser geht noch als alter Mann, die Schreibtafel umgehängt, zur Schule, und mein König Alexander ist mit 32 Jahren gestorben« (2, 1, 21). Das nahe Verhältnis zu Alexander, das sich in dieser Bemerkung äußert, ist dem ganzen Geschlechte eigen gewesen (vgl. Wern. Hoffmann [oben Anm. 3] 70ff.). Den Römern gegenüber wurde Alexander jetzt so weit erhöht, daß der Verfasser eines ernsthaften griechischen Geschichtswerkes berichten konnte, jene hätten dem König zum Zeichen ihrer Unterwerfung eine goldene Krone im Werte von einigen Talenten überreichen lassen (Memnon v. Heraklea fr. 25, FHG 3 S. 538; ausgeschmückt bei Ps.-Kallisthenes 1, 29; Mederer [oben Anm. 38] 110f.). — Die Aufgabe, das griechische Wesen durch Pflege und Abwehr vor Einbußen zu bewahren, hat im 4. Jahrhundert noch einmal in Libanios einen tatkräftigen Vorkämpfer gefunden. Ohne etwa von blinder Abneigung gegen die Römer beherrscht zu sein (zu schroff Sievers a. O. [oben Anm. 60] und seine Benutzer; als Gegenbeweis ausreichend Or. 30, 5, Bd. 3 S. 90 Foerster μετὰ τῆς τῶν θεῶν τουτωνὶ συμμαχίας ἐπιόντες Ῥωμαῖοι τοῖς ἐναντίοις μαχόμενοί τε ἐνίκων καὶ νενικηκότες βελτίω τοῖς ἡττωμένοις τοῦ πρὸ τῆς ἥττης τὸν ἐπ' αὐτῇ χρόνον ἐποίουν φόβους τε ἀφελόντες καὶ πολιτείας τῆς αὐτῶν μεταδόντες; vgl. auch etwa Or. 11, 129f. Epist. 1493, 3 Foerster), hat Libanios doch die Fremdheit der römischen Lebensart und ihren weiten Abstand von den griechischen Bildungszielen auf das stärkste empfunden. Mit ehrlichem Bedauern sah er die griechische Jugend nach Berytos und Rom gehen, um sich dort, nur auf äußere Erfolge bedacht, die lateinische Sprache und die Kenntnis des römischen Rechtes anzueignen (Or. 1, 214. 234; 2, 43f.; 43, 3ff.; 48, 22ff. Epist. 951. 1011), und ärgerlich stellte er fest, daß dieses Studium, zumal wenn einflußreiche Beziehungen mithalfen, auch dem stumpfsten Geiste das Vorwärtskommen gewährleistete (Or. 4, 18, Bd. 1 S. 292 [hier das Wort, die νόμων μάθησις sei überhaupt nur τῶν τὴν διάνοιαν βραδυτέρων]; 43, 5, Bd. 3 S. 339 [dort die Bemerkung, daß die Fahrt nach Rom τοῖς γε πλείοσι πρὸς τῷ μηδὲν ἐνεγκεῖν περιείλετό τι καὶ τοῦ φρονεῖν]. Epist. 951, Bd. 11 S. 90 [Hinweis auf τοὺς ἀποδοθέντας πολλαῖς πόλεσιν παρ' ἐκείνης <sc. τῆς Ῥώμης> τοὺς οὐ πολλῷ τῶν βοσκημάτων διαφέροντας]; vgl. auch Or. 46, 26). Es ist verständlich, daß ihm die Stadt Rom dann oft nur noch als Gefahrenherd und Ort der Versuchung erschienen ist, dem die dort weilenden Griechen nach Möglichkeit zu entziehen seien (Epist. 534. 539. 566. 950). Den Kräften, die in Rom versinnbildlicht waren, konnte mit Erfolg, wie er meinte, nur durch die strengste Ausschließlichkeit im Bekenntnis zum Griechentum entgegengetreten werden. So hat er seine Mitbürger je nach ihrem Verhalten getadelt oder gelobt (Tadel des Stadtrates von Antiochia wegen Vernachlässigung seiner Würde Or. 48, bes. 22ff. 28ff.; Lob Antiochias als einer Stadt, die Ἑλληνικῇ παιδείᾳ καὶ λόγοις den Römern überlegen sei, Or. 11, 270, Bd. 1 S. 534; Lob eines Bekannten, der sich ihm zeigt καὶ τῷ μεγέθει Ῥώμης γοηθεὶς καὶ νῦν ἡδόμενος τοῖς τῆς Ἑλλάδος καλοῖς Epist. 950, 1, Bd. 11 S. 89), und so ist er selbst, der nie Latein gelernt hat (Epist. 434, 2; 1004, 4; 1036, 2), bemüht gewesen, in fremdwortfreien Reden und Briefen (vgl. oben Anm. 60) das Seinige zur

Mehrung eines reichen geistigen Erbes beizutragen. Mit solcher Haltung hat er den Wünschen der Besten seiner Zeit entsprochen (Geffcken a. O. [oben Anm. 59]); jedoch hat niemand ihm näher gestanden als der Kaiser Julian, der ebenfalls die griechische Welt so sehr verehrte, daß er Hellas als sein »wahres Vaterland« betrachtete (Or. 2, 12 Bidez [= 3, S. 152 Hertl.]. Libanios, Or. 18, 27ff.; 15, 36) und nach dem alten Glauben (oben Anm. 39) die Römer von hellenischer Art und Herkunft sein lassen wollte (Or. 4, S. 198 Hertl.; damit zusammenzubringen die Worte des Libanios in der an Julian gerichteten 15. Rede § 25 [Bd. 2 S. 128f.]: Ἕλλην τις εἶ καὶ κρατεῖς Ἑλλήνων· οὕτω γάρ μοι ἥδιον καλεῖν τὸ τοῖς βαρβάροις ἀντίπαλον καὶ οὐδέν μοι μέμψεται τὸ γένος Αἰνείου [nicht richtig gewürdigt von Jüthner ⟨oben Anm. 39⟩ 82, dem Schnayder, Archiwum ⟨oben Anm. 2⟩ 11. 25 folgt]). — Vgl. auch Anm. 65 Ende.

63. Zu S. 18 Z. 19: Ein sichtbares Merkmal der Annäherung an das Römertum war die Verwendung römischer Personennamen durch Griechen; sie wurde von den volksbewußten Kreisen, deren Wortführer auch hier Apollonios war, als Makel empfunden und lebhaft bekämpft (Apollon., Epist. 71 [= Philostr. 4, 5]. 72. Ed. Meyer 170; vgl. auch Epist. 39. 40. 55. Aristides 24 [44], 57 Keil. Hahn 64. 158). Ein anderes derartiges Kennzeichen wird mit absichtsvoller Beiläufigkeit von Dio erwähnt, der in dem Bericht über seine Erlebnisse am Borysthenes erzählt, daß von seinen dortigen Zuhörern nur einer, den »alle schmähten und haßten«, aus Liebedienerei gegen die Römer rasiert gewesen sei (36, 17).

64. Zu S. 18 Z. 35: Lukian, Nigrinos 12ff.; dazu Mesk, Wiener Studien 34, 1912, 373ff.; 35, 1913, 1ff., der nicht recht überzeugend zu erweisen sucht, daß Lukian die einzelnen Züge in der Schilderung der Athener und Römer weitgehend den Satiren Juvenals verdanke; dabei habe er die Vorwürfe, die Juvenal vor allem in der 3. Satire gegen die Griechen richtete, fast vollständig auf die Römer übertragen, während umgekehrt das Lob Athens vielfach als Gegenstück zu dem von Juvenal entworfenen Bilde Roms gestaltet sei. — Eine ähnlich abwertende Schilderung der römischen Lebensverhältnisse wie im Nigrinos hat Lukian in der Schrift Περὶ τῶν ἐπὶ μισθῷ συνόντων geboten, in der die unwürdige Stellung der in Rom tätigen griechischen Hauslehrer behandelt ist; dazu Mesk a. O. 35, 1913, 10ff. Vgl. auch Helm, Lukianos, RE 13, 1772, 50ff.; 1773, 36ff.

65. Zu S. 18 Z. 37: Mit starker Ablehnung hat auch Dio den Lebensverhältnissen der Hauptstadt gegenübergestanden. In der 13. Rede berichtet er von den zur Selbstbesinnung mahnenden Vorträgen, die er in seiner Eigenschaft als wandernder Philosoph und Sittenrichter vor den Römern gehalten hat (vgl. v. Arnim [oben Anm. 61] 331 ff.). Er habe ihnen zu zeigen versucht, »daß ihnen, wenn sie in Wirklichkeit und nicht nur, wie gegenwärtig, nach dem Glauben der großen Menge glücklich sein wollten, eine bessere und sorgfältigere Erziehung not täte, die sie umstimme und ihnen die Einsicht gäbe, daß nichts von all dem gut sei, um was sie sich zur Zeit bemühten und was sie sich mit allem Eifer aneigneten in der Meinung, je mehr sie sich davon aneigneten, um so besser und glücklicher würden sie leben« (§ 31). Sie sollten den von ihnen so hoch geschätzten Reichtum verachten lernen, ihre Begehrlichkeit überwinden und, da sie über andere herrschten, in Tapferkeit, Mäßigung und Gerechtigkeit zunächst sich selbst zu beherrschen wissen. »Dann nämlich, sagte ich, wird eure

Stadt groß und stark sein und in Wahrheit herrschen. Denn unter den gegenwärtigen Umständen ist ihre Größe unzuverlässig und nicht sehr sicher« (§ 34). So erscheint ihm die Hauptstadt im Bilde eines Schiffes, das zu schwer befrachtet ist, und erinnert ihn an den Scheiterhaufen des Patroklos mit seinen vielen kostbaren Beigaben, die alle nur dem Feuer als Nahrung dienen sollten. Ein Vortrag, der in Rom gehalten wurde, ist wohl sicher auch die bekannte 7. Rede (v. Arnim 457f.), die in ihrem ersten Teile das vorbildliche Leben eines genügsamen und hilfsbereiten euböischen Jägers schildert und in der zweiten Hälfte die Frage erörtert, welche Berufe für die mittellosen Kreise der Bevölkerung in Betracht kämen; die Gelegenheit wird von Dio benutzt, um in längeren Ausführungen von der sittlichen Zersetzung der römischen Gesellschaft zu sprechen (§ 140ff.). — Am Ende des 4. Jahrhunderts nach Christus bringt noch einmal Ammianus Marcellinus die innere Abwehr zum Ausdruck, die jeder Grieche der Stadt Rom gegenüber empfunden hat (14, 6). Mit einem seiner Reichstreue entsprechenden starken Gefühl für die Verpflichtungen, welche die Herkunft aus der Hauptstadt auferlegen sollte (§ 7), tadelt er ebensosehr das ungeistige, ganz auf äußeren Prunk bedachte Leben der höheren Kreise, in denen falscher Ehrgeiz, Prahlerei und Genußsucht herrschten (§ 8—24), wie das faule Dasein der großen Masse, die in Weinschenken und unter den Sonnensegeln der Theater die Nächte verbringt, häßlich schnaubend über den Würfeln sitzt oder von morgens bis abends bei Sonnenschein und Regenwetter die Vorzüge und Fehler von Pferden und Wagenlenkern festzustellen sucht (§ 25f.). Vor allem aber wendet er sich gegen die in Rom verbreitete rücksichtslose Mißachtung der fremden Bildungsträger, von der er offenbar selber schmerzlich getroffen worden ist. Während man früher, als Rom noch ein *domicilium omnium virtutum* war, in den vornehmen Kreisen solche Fremde durch liebenswürdige Aufnahme zum Bleiben veranlaßt habe (*ingenuos advenas plerique nobilium ut Homerici bacarum suavitate Lotofagi humanitatis multiformibus officiis retentabant*), erachte jetzt die hohle Aufgeblasenheit gewisser Leute alles, was außerhalb der Grenzen der Stadt geboren werde, für unwert, mit Ausnahme allein der Kinderlosen und Unverheirateten, von denen Erbschaften zu erhoffen waren (§ 21ff.). Mache ein *honestus advena* bei einem reichen Manne zum erstenmal seine Aufwartung, so werde er wohl so freundlich begrüßt, daß er es bedauern möchte, nicht schon zehn Jahre zuvor Rom kennen gelernt zu haben. Komme er aber im Vertrauen auf diese Freundlichkeit am nächsten Tage wieder, so erinnere man sich nicht mehr an ihn. Sei er trotzdem endlich unter die 'Freunde' aufgenommen, so werde er es selbst nach drei Jahren ununterbrochener Erfüllung seiner Begrüßungspflichten erleben müssen, daß ihm, wenn er einmal drei Tage fernbleibe, bei seiner Rückkehr dasselbe wie am Anfang widerfahre (*si te salutandi adsiduitati dederis triennio indiscretus et per totidem dierum defueris tempus, reverteris ad paria perferenda*). Bei Einladungen endlich zu Schmäusen und Gabenempfang werde lange überlegt, ob man auch einen Fremden auffordern könne, und habe man sich endlich dazu entschlossen, so werde nur derjenige zugelassen, der vor den Häusern der Wagenlenker aufzupassen pflege, der sich aufs Würfelspiel verstehe und sich den Anschein gebe, irgendeine geheime Kunst zu kennen. »Denn gebildete und ernsthafte Menschen meiden sie als langweilig und unnütz« (*homines enim eruditos et sobrios ut infacetos et inutiles vitant;* § 12ff.). So sei es möglich gewesen, daß bei der Fremdenausweisung des Jahres 383, welche wegen einer befürchteten Hungersnot erfolgte, die wenigen Vertreter der geistigen Berufe ohne jede Atempause vertrieben wurden, während Tausende aus dem Theatervolk niedrigster Gattung unbehelligt in Rom bleiben durften. (Daß die Fremdenausweisung überall eine starke Mißstimmung gegen Rom hervorrufen würde, wußte man in den verantwortlichen Kreisen sehr wohl; vgl. Symmach., Epist. 2, 7, 3 [an Flavianus] *defectum timemus annonae, pulsis omnibus, quos exerto et pleno ubere Roma susceperat. fac ut his remediis convalescamus. quanto nobis odio provinciarum constat ista securitas! . . quam primum revocet urbs nostra quos invita dimisit.* Der griechischen Welt gab jene Maßnahme Gelegenheit, voll Stolz die Überlegenheit des eigenen Landes zu betonen: Libanios, Or. 11, 174, Bd. 1 S. 495 Foerster οὕτω τῇ τε γῇ πρέπων ὁ ὄχλος ὁ παρ' ἡμῖν τῷ τε ὄχλῳ τῆς γῆς ἡ φύσις (näml. in Antiochia), δι' ἣν οὐδεπώποτε τὸν Ξένιον ἠναγκάσθημεν ἀδικῆσαι διὰ τῆς περὶ τοὺς ξένους ὠμότητος, καίτοι τὸ παράδειγμα τῆς 'Ρώμης ἔχοντες, ἣ τὴν τῶν ἀναγκαιοτάτων σπάνιν, ἡνίκα ἂν τοῦτο συμπέσῃ, τῇ τῶν ξένων ἐλάσει πρὸς ἀφθονίαν μεθίστησιν· vgl. auch Epist. 1379, 2, Bd. 11 S. 423 an den Comes Orientis Rufinus, der im Jahre 363 bei einer Hungersnot die Fremden aus Antiochia ausgewiesen hatte: τὰ δ'αὖ περὶ τὸν σῖτον σὺ μὲν καὶ ταῦτα ἄξια τῆς 'Ρώμης τετόλμηκας, ἡμῖν δὲ ἔδοξεν ἄμεινον εἶναι καὶ ταύτῃ τὴν ἀγορὰν αὐτόνομον ἀφεῖναι· κρεῖττον γὰρ πονῆσαι μικρὸν ἢ μετὰ ταῦτα ἐν ἐγκλήμασιν εἶναι καὶ ζητεῖν ὑπὲρ τῶν αἰτιῶν λόγους. Themist., Or. 18, 222a f., S. 270f. Dindorf οὔκουν δεῖ ἡμῖν ξενηλασίας συνεχοῦς καθάπερ τῇ μητροπόλει, φαρμάκου τῆς ἐνδείας χαλεπωτέρου, ἀλλ' ἐπιρρέουσιν ἀκωλύτως σὺν τῇ τῶν καλῶν περιουσίᾳ οἱ χρησόμενοι αὐτοῖς ἐπ' ἐξουσίας. Die Stellen schon bei Valesius zu Ammian 14, 6, 19.)

66. Zu S. 18 Z. 39: Das ganze Werk des Tacitus ist eine Auseinandersetzung mit dem Rom seines Jahrhunderts. Nur einen geringen Teil der inneren Zerstörung, die sich seinem Blicke darbietet, berücksichtigt er in den Worten von der *urbs, quo cuncta undique atrocia aut pudenda confluunt celebranturque* (Ann. 15, 44; vergleichbar Lukan 7, 405, wo Rom als *mundi faece completa* bezeichnet wird; dazu Juven. 3, 62ff. *quamvis quota portio faecis Achaei? iam pridem Syrus in Tiberim defluxit Orontes et linguam et mores . . secum vexit*; s. auch Qu. Cicero, Comment. petit. 54).

67. Zu S. 19 Z. 2: Die Satire berichtet von einem Freunde Juvenals, der sich als besitzloser Mann dem demütigenden und zermürbenden Leben in Rom nicht länger gewachsen fühlt und im Augenblicke, da er die Stadt verläßt, seinen Fortgang in einer umfassenden Darstellung aller Widerwärtigkeiten rechtfertigt. Der von Lukian im Nigrinos voll durchgeführte Gedanke, das Leben in Rom und in anderen, gesünderen Gebieten des Reiches vergleichend gegenüberzustellen, kommt hier wenigstens andeutend ebenfalls zur Geltung; in zugespitzter Fassung findet er sich am Ende von Juvenals 2. Satire (159ff.): *arma quidem ultra /litora Iuvernae promovimus et modo captas/ Orcadas ac minima contentos nocte Britannos: /sed quae nunc populi fiunt victoris in urbe,/ non faciunt illi quos vicimus.* — Dreihundert Jahre später erneuerte sich in Hieronymus aus christlichem Weltgefühl die Abneigung gegen das Leben in Rom und das Verlangen nach ruhigeren Bezirken. Um das Jahr 385 fordert er seine Freundin Marcella auf, Rom zu verlassen und aufs Land überzusiedeln. Epist. 43, CSEL 54 S. 319ff. (nicht ganz fehlerlose Übersetzung von L. Schade in der Bibliothek der Kirchenväter,

2. Reihe 16, 46ff. [im folgenden benutzt]): »Ich mag nicht von den vielen Besuchspflichten reden, die uns zwingen, entweder selbst Tag für Tag zu anderen Menschen zu gehen oder die übrigen bei uns zu erwarten. Von einem zum andern kommt man ins Schwatzen, führt unnütze Reden, spricht schlecht von denen, die nicht anwesend sind, nimmt sich anderer Leute Leben vor, und während wir uns gegenseitig beißen, werden wir umgekehrt voneinander aufgefressen (vgl. Gal. 5, 15). Das ist die Speise beim Empfang und beim Abschied. Wenn aber die Freunde sich entfernt haben, stellen wir unsere Rechnungen auf. Bald macht uns der Zorn so wild wie Löwen, bald bedenkt überflüssige Sorge im voraus, was viele Jahre dauern soll, und nicht erinnern wir uns des Evangeliums, das spricht: 'Du Narr, diese Nacht wird man deine Seele von dir fordern. Wem aber wird gehören, was du bereitet hast?' (Luk. 12, 20). Kleider werden nicht allein zum Gebrauch, sondern zum Vergnügen angeschafft. Wo immer sich ein Gewinn bietet, ist unser Fuß schneller, ist rasch die Rede, gespannter das Ohr. Wenn ein Verlust gemeldet ist, dann läßt man vor Traurigkeit den Kopf hängen *(si damnum {ut saepe in re familiari accidere solet* delevi} *fuerit nuntiatum, vultus deprimitur)*. Ein Pfennig macht uns fröhlich, über einen Heller sind wir betrübt .... Da wir nun schon ein gutes Stück unseres Lebens schwankend durchfahren haben und da unser Schiff bald von dem Wirbel der Stürme erschüttert, bald von dem Anprall auf Felsen durchbohrt ist, wollen wir sobald als möglich wie einen Hafen die Abgeschiedenheit des Landes aufsuchen. Grobes Brot und Kohl, den wir mit eigener Hand begossen haben, und Milch, die Leckerei des Landes, sollen uns dort einfache, aber unschuldige Speise bieten. Wenn wir so leben, wird uns nicht vom Gebet der Schlaf und die Sättigung nicht vom Lesen fernhalten. Ist es Sommer, so wird uns ein Baum mit seinem Schatten ein verstecktes Plätzchen bieten. Ist es Herbst, so zeigen die natürliche Milde der Luft und die auf dem Boden verstreuten Blätter, wo wir uns lagern können. Im Frühling steht das Land in buntem Blütenschmuck, und inmitten der singenden Vögel werden die Psalmen süßer erklingen. Wenn Kälte sein wird und winterlicher Schnee, werde ich das Holz nicht kaufen müssen; ich werde es wärmer haben beim Wachen und beim Schlafen, sicher aber werde ich es wohl billiger haben, nicht zu frieren. Mag Rom seine Unruhe behalten, mag die Arena wüten, der Zirkus rasen, die Theater prunken, und da wir von unseren eigenen Kreisen zu sprechen haben, mag täglich die ehrwürdige Gemeinde der Frauen ihren Besuch empfangen: uns ist es wohl, dem Herrn anzuhängen und unsere Hoffnung auf Gott den Herrn zu setzen (Ps. 72, 28) ...« Kurze Zeit darauf ist Hieronymus mit den Freundinnen Paula und Eustochium in Bethlehem. Von hier aus richtet er noch einmal in einem Briefe, den er unter jener beiden Namen stellt, die Aufforderung an Marcella, Rom zu verlassen. Jetzt tritt nicht mehr das Wunschbild eines irgendwo möglichen ländlichen Lebens, sondern das heilige Land Palästina in Gegensatz zu Rom. Epist. 46, 11f., S. 341ff. (Schade a. O. 307ff.): »Mit welchen Worten, welcher Stimme könnten wir dir die Höhle des Heilandes schildern? Jene Krippe aber (*at* scripsi pro *et*), in der das Knäblein wimmerte, ist mehr durch Schweigen als durch schwache Worte zu ehren. Wo sind breite Säulengänge? Wo getäfelte Decken mit Goldüberzug? Wo Häuser, die durch die Strafleistungen unglücklicher Menschen und durch die Arbeit von Verurteilten ihren Schmuck empfangen haben? Wo

Basiliken, die mit privaten Mitteln gleich wie die Kaiserpfalz aufgebaut sind, damit der armselige Körper des Menschen recht kostbar in ihnen wandele und, wie wenn es etwas Schmuckvolleres geben könnte als die Welt, lieber seine Dächer anschauen wolle als den Himmel? Sieh, hier in diesem kleinen Erdloch ist der Schöpfer der Himmel geboren: hier wickelte man ihn in Windeln, hier besuchten ihn die Hirten, hier zeigte ihn der Stern, hier beteten ihn die Weisen an. Und dieser Ort, glaube ich, ist heiliger als der Tarpejische Felsen, der dadurch, daß er so häufig vom Blitze getroffen wurde, zu erkennen gab, was dem Herrn nicht gefiel. Lies die Offenbarung des Johannes und betrachte, was über das purpurgekleidete Weib und die auf ihrer Stirn geschriebene Lästerung und über Babylons Fall gesungen wird *(quid de muliere purpurata et scripta in eius fronte blasphemia* {*septem montibus aquis multis* delevi; cf. Apoc. 17, 1. 9} *et Babylonis exitu cantetur, contuere)*. 'Verlaßt sie, mein Volk', spricht der Herr, 'daß ihr nicht teilhabt an ihren Sünden und von ihren Plagen nicht empfanget' (Apok. 18, 4). Auch zu Jeremias wende dich zurück und achte gleichermaßen auf das, was geschrieben ist. 'Fliehet aus der Mitte Babylons und rette ein jeder seine Seele' (51, 6). Denn 'gefallen, gefallen ist das große Babylon und zur Wohnstätte der Dämonen geworden und zum Gefängnis aller unreinen Geister' (Apok. 18, 2). Wohl ist dort die heilige Kirche, sind die Siegeszeichen der Apostel und Märtyrer, ist das wahre Bekenntnis zu Christus und der von den Aposteln gepredigte Glaube und der Christenname, der über dem niedergetretenen Heidentum sich täglich hoch emporreckt. Aber die Ehrsucht, die Macht, die Größe der Stadt, das Gesehenwerden und Sehen, das Besuchtwerden und Besuchen, das Loben und Schmähen, das Zuhören oder Sprechen und eine so große Menge von Menschen selbst gegen den Willen ertragen zu müssen, liegt weitab von den Zielen des Mönchtums und von der Ruhe ... In Christi Gütlein aber, wie wir oben sagten, ist volle Ländlichkeit und außer den Psalmen ist Schweigen. Wohin man sich wendet, singt der Pflüger mit der Hand am Pflug sein Halleluja, lenkt sich ab der Schnitter, dem der Schweiß herabrinnt, durch Psalmen und singt der Weinbauer, der mit krummer Sichel den Weinstock schneidet, ein Lied Davids. Das sind in diesem Lande die Gesänge, das sind, wie es im Volke heißt, die Liebeslieder, das ist das Flöten der Hirten, das sind die Arbeitsgeräte.«

68. Zu S. 19 Z. 8: Seneca, Nat. Quaest. 1 praef. 7: Der Mensch soll sich über sich selbst erheben und das ganze Weltall mit seinem Blick umfassen. Dann wird er die Begrenztheit der Erde, die überdies auf weite Strecken unbewohnbar ist, erkennen und einsehen, daß die Heere der Völker, die zum Kriege ausziehen, nicht höher zu werten sind als auf engem Platze tätige Ameisenscharen. »Ein Punkt nur ist der Bereich, in dem ihr mit euren Flotten segelt, in dem ihr eure Kriege führt, in dem ihr eure Staaten aufbaut, — winzige Staaten, mag auch auf zwei Seiten sie der Ozean umwogen. Oben sind die ungeheuren Räume, von denen der Geist Besitz ergreifen darf.« Sehr ähnlich Plinius, Nat. Hist. 2, 174f.: Nur der geringe Raum, der auf der Erde, diesem Punkt im Weltall, dem Menschen zur Verfügung steht, ist »Gegenstand und Sitz unseres Ruhmes; hier bekleiden wir unsere Ämter, hier betätigen wir unsere Machtbefugnisse, hier streben wir nach Vermögen, hier beunruhigen wir das Menschengeschlecht, hier beginnen wir Kriege sogar unter unseren Mitbürgern, und durch gegenseitiges Hinschlachten machen wir die Erde geräumiger.«

69. Zu S. 19 Z. 9: Seneca, Epist. 95, 30f.: »Nicht nur für uns allein, sondern im Dienste des Staates wüten wir gegeneinander. Totschlag und einzelne Morde unterdrücken wir. Aber was ist von den Kriegen zu sagen und dem ruhmvollen Verbrechen, ganze Völker niedergemacht zu haben? Nicht Habsucht, nicht Grausamkeit kennen ein Maß. Dabei ist alles, so lange es heimlich und von einzelnen Menschen begangen wird, weniger schädlich und weniger entsetzlich. Nach Senatsbeschlüssen und Volksgeboten werden Grausamkeiten verübt, und was dem einzelnen verboten ist, wird vom Staate befohlen. Was heimlich begangen mit dem Tode gebüßt wird, loben wir, weil Feldherren es begangen haben. Nicht schämt sich der Mensch, das sanfteste der Geschöpfe (*mitissimum genus;* dazu Rich. Harder, Ocellus Lucanus, Berlin 1925, 132), am gegenseitigen Blutvergießen Freude zu empfinden und Kriege zu führen und diese auf die Kinder zu vererben, während sogar die wilden Tiere untereinander Frieden halten (dazu Fuchs [oben Anm. 20] 107 Anm. 4).«

70. Zu S. 19 Z. 11: Sehr kräftig kommt das Mißvergnügen an der römischen Herrschaft in den volkstümlichen Erbauungsschriften der griechischen Welt zum Ausdruck. Unter den Briefen des Apollonios (vgl. oben Anm. 61) konnte man mit Genugtuung ein angebliches Schreiben »An die römischen Richter« lesen, in dem es hieß, daß zwar einige von ihnen für Häfen, Gebäude, Mauern und Wandelgänge sorgten, daß aber um die Jugend in den Städten und um die Frauen weder sie selbst noch ihre Gesetze sich kümmerten (Epist. 54). Noch schärfer klang ein Brief »An die römischen Quästoren«: »Ihr besitzet die oberste Gewalt. Wenn ihr nun zu herrschen wißt, weswegen sind dann die Städte, soviel an euch liegt, heruntergekommen? Wenn ihr aber nicht zu herrschen wißt, so hättet ihr dieses zuerst lernen sollen und dann herrschen« (Epist. 30). Das Äußerste jedoch an Gehässigkeit fand sich in den beliebten Darstellungen von dem standhaften Freimut, den alexandrinische Gesandte in der Verteidigung griechischer Lebensrechte vor römischen Kaisern bewiesen haben sollten (vgl. Ulr. Wilcken, Zum alexandrin. Antisemitismus, Abhandl. Sächs. Gesellsch. d. Wissensch., Phil.-Hist. Kl. 27, 1909, 783ff. [neuere Papyrusfunde erwähnt bei Premerstein, Hermes 67, 1932, 174 Anm. 1 u. 2]. Ed. Meyer, Ursprung und Anfänge des Christentums 3, Stuttgart 1923, 540ff.; s. auch H. I. Bell, Juden und Griechen in Alexandreia, Beihefte zum 'Alten Orient' 9, Leipzig 1927, 15f. 28f. 34ff.). In diesen Berichten, die in Aktenform eine Reihe von Verhandlungen über die Judenfrage von Alexandrien wiedergeben, wird in nicht mehr zu übertrumpfender Weise Claudius von dem griechischen Wortführer als »verrückter Kaiser« (παραφρονῶν βασιλεύς) bezeichnet (Wilcken 802 Sp. 3 Z. 14f. [= Mitteis-Wilcken, Grundzüge und Chrestomathie der Papyruskunde, Leipzig 1912, Nr. 14]), wird Trajan als Judenknecht geschildert, den nur ein Wunder — das Schwitzen des zur Verhandlung mitgebrachten Sarapisbildes — auf den rechten Weg zu bringen vermag (Weber, Hermes 50, 1915, 60ff.), und wird Commodus in einem hitzigen Auftritt, in dem der Grieche für seine »süße Heimat« mutig in den Tod geht, ein Tyrann und Räuberhauptmann (λῄσταρχος) genannt (Wilcken 822f. [= Mitteis-Wilcken Nr. 20]). Ob und gegebenenfalls wie weit in den angeführten Briefen des Apollonios sowie in den alexandrinischen Märtyrerakten echte Aussprüche verwertet sind, läßt sich nicht entscheiden (vgl. Ed. Meyer a. O. und Kleine Schriften 2 [oben Anm. 61], 175ff. Ant. von

Premerstein, Zu den alexandrin. Märtyrerakten, Philologus Suppl.-Bd. 16, 3, Leipzig 1923, 47ff.). Jedoch ist es kein Zufall, daß gerade Ägypten die bissigsten Schmähschriften lieferte. Es ist die Provinz, von der Seneca sagte (Consol. ad Helviam 19, 6), sie sei *in contumelias praefectorum ingeniosa.* — Den heidnischen Märtyrerakten entsprechen im Tone allein die späteren und das heißt die geschichtsfernen unter den christlichen Akten. Aber den groben Beschimpfungen, mit denen hier die teuflisch wütenden Statthalter bedacht werden, fehlt jedes lebendige Angriffsziel. Die heftigen Worte, die eine derbe Erfindungskraft den Glaubenshelden in den Mund legte, mochten die Leser wohl durch ihre Kühnheit erfreuen und ihnen das Geschehen einer immer weiter zurücktretenden Vergangenheit recht sinnfällig vor die Augen stellen, an ihrer Niederschrift ist jedoch ein irgendwie wagnisfreudiger Kampfeswille nicht beteiligt gewesen (leicht zu vermehrende Auswahl aus den Schmähungen [z. B. *barbare pessime et praeliator, canis insane, maligne et sacrilege et omni odio amice*] bei Leo E. Morawitzky, Die Kaiseridee in den echten und unechten Martyrerakten der Christenverfolgung des Decius, Diss. Breslau 1909, 80; vgl. auch 60).

71. Zu S. 19 Z. 31: Über das Verhältnis des frühen Christentums zum Römischen Reiche s. etwa Karl Joh. Neumann, Der römische Staat und die allgemeine Kirche bis auf Diocletian, Leipzig 1890. Heinr. Holtzmann, Das Neue Testament und der römische Staat, Akad. Rede Straßburg 1892. Heinr. Weinel, Die Stellung des Urchristentums zum Staat, Akadem. Rede Jena, Tübingen 1908. Ad. Harnack, Kirche und Staat bis zur Gründung der Staatskirche, in: Die Kultur der Gegenwart hgb. von P. Hinneberg, 1. Abt. 4, 1: Geschichte der christl. Religion, Leipzig 1909, 132ff. Hans Windisch, Imperium und Evangelium im Neuen Testament, Akadem. Rede Kiel 1931. Heinr. Schlier, Die Beurteilung des Staates im Neuen Testament, Zwischen den Zeiten 10, 1932, 312ff. (dort 316ff. das Wort von dem eschatologischen 'Vorbehalt gegen den irdischen Staat'). Ethelbert Stauffer, Gott und Kaiser im Neuen Testament, Bonner Reden und Aufsätze hgb. von der Evang.-theol. Fakultät 2, Bonn 1935. Günther Dehn, Engel und Obrigkeit, in: Theolog. Aufsätze, Karl Barth zum 50. Geburtstag, München 1936, 90ff. Karl L. Schmidt, Das Gegenüber von Kirche und Staat in der Gemeinde des Neuen Testamentes, Theolog. Blätter 16, 1937, 1ff. Vgl. auch unten Anm. 78. Die Antworten auf die zur Erörterung stehende Frage geben im Ausschnitt die Gesamtbewegung der neueren Theologie wieder. Für Röm. 13, 1ff. πᾶσα ψυχὴ ἐξουσίαις ὑπερεχούσαις ὑποτασσέσθω. οὐ γὰρ ἔστιν ἐξουσία εἰ μὴ ἀπὸ θεοῦ, αἱ δὲ οὖσαι ὑπὸ θεοῦ τεταγμέναι εἰσίν. ὥστε ὁ ἀντιτασσόμενος τῇ ἐξουσίᾳ τῇ τοῦ θεοῦ διαταγῇ ἀνθέστηκεν usw. stellen Dehn a. O. 100ff. und Schmidt a. O. 11. 14f. (auch schon Theolog. Blätter 13, 1934, 332) zur Erwägung, ob nicht das mehrfach verwendete Wort ἐξουσία, das bekanntlich auch ein Begriff der paulinischen Dämonenlehre ist, zum Ausdruck bringe, daß »bei Paulus ein Zusammenhang zwischen Obrigkeit und Engelmächten besteht, mindestens in dem Sinne, daß, wenn er von der Obrigkeit spricht, der Gedanke an Engel, die hinter der Obrigkeit stehen, mitschwingt« (Dehn 100f.). Die Auffassung würde weitreichende geschichtliche und grundsätzliche Folgen haben: »Engel-Obrigkeit ist ἀπὸ θεοῦ ... Aber Engel können fallen ... Irdische Obrigkeit, hinter der die Engelmächte stehen, kann dämonisch werden ... Der Christ weiß um die Geltung dessen, was Römer 13 gesagt ist, aber er weiß auch um die Möglichkeit einer Haltung, wie sie die Offenbarung (der Apokalyptiker stand in einer konkreten Situation!) vertritt. Um es zugespitzt auszudrücken: auch Paulus hätte so schreiben können wie Johannes, auch Johannes hätte sagen können, was Röm. 13 steht« (Dehn 108). »Es sind die problematischen, die fragwürdigen, weil gegen Gott sich stemmenden Engelmächte als Zwischenmächte, die den Menschen beherrschen, anstatt daß Gott der alleinige Herr ist. Zwischenmacht ist vorläufige Macht und wird Dämonie oder gar Teufelei, wenn das, was nur vorläufig sein kann und darf, letztlich und endgültig sein will .... Wenn diese Zusammenhänge richtig und beachtlich sind, dann wird die Brücke von Röm. 13 zu Apk. 13, die ohnehin da ist, in ihrem gewissen Dunkel auch noch beleuchtet ... Die einzige Stelle, an der .. einmal begrifflich [über den Staat] gesprochen wird, scheint eine Abwertung in malam partem in sich zu bergen« (Schmidt 11). Die neue Auffassung von Röm. 13 wird nicht auf allgemeine Zustimmung rechnen dürfen. Paulus hat so, wie er an der vorliegenden Stelle spricht, weder selbst Veranlassung gegeben, die vermutete Doppelsinnigkeit in seinen Worten zu finden, noch konnte er erwarten, daß sie von den römischen Empfängern seines Briefes in ihr gefunden werde. Mag auch der moderne Theologe mit seinem Überblick über den Dämonenglauben des Paulus sich bei dem Worte ἐξουσία an die gleichlautende Bezeichnung der Dämonen erinnert fühlen, so war es für den Leser im griechisch-römischen Kulturbereiche doch zunächst das Gegebene, das Wort ganz schlicht in der geläufigen Bedeutung zu verstehen, die es für ihn von altersher besaß (s. etwa ἀρχαὶ καὶ ἐξουσίαι bei 'Platon', Alkib. mai. 135b). Freilich hat es schon in der alten Kirche eine Auslegung gegeben, die sich durch die Verwendung des Wortes in andersartigen Zusammenhängen leiten ließ. Sie ist bereits von Irenäus zurückgewiesen worden, Contr. haeres. 5, 24, Migne 7 Sp. 1186f.: *quoniam haec autem non de angelicis potestatibus nec de invisibilibus principibus dixit, quomodo quidam audent exponere, sed de his quae sunt secundum hominem potestates, ait: propter hoc enim et tributa praestatis* ... (Röm. 13, 6).

72. Zu S. 20 Z. 13: S. oben Anm. 50.

73. Zu S. 20 Z. 28: Über Absichten und Arbeitsweise des Verfassers der neutestamentlichen Offenbarungsschrift gehen die Meinungen bekanntlich weit auseinander. Während zum Teil überhaupt bestritten wird, daß sein Werk den Gegensatz gegen das Römische Reich zur Darstellung bringe (so Ernst Lohmeyer in seinem Kommentar, Tübingen 1926, bes. 110ff. 142ff. 189ff.), wird von anderer Seite zum mindesten als fraglich erklärt, ob hier in der Tat, wie man lange Zeit geglaubt hat, auf große Strecken romfeindliches jüdisches und nicht etwa judenchristliches Schrifttum verarbeitet worden sei (s. Ed. Meyer, Ursprung usw. [oben Anm. 70] 3, 525 Anm. 1 u. 4; vorsichtig Windisch, Johannesapokalypse, in: Die Religion in Geschichte und Gegenwart 3[2], Tübingen 1929, 335; ähnlich Fascher bei Ad. Jülicher-Er. Fascher, Einleitung in das Neue Testament[7], Tübingen 1931, 269). Aber die ältere Auffassung erscheint trotz mancher Unsicherheit im einzelnen als ganze doch so gut begründet, daß sie oben im Texte auch ohne Betonung der gelegentlich notwendigen Vorbehalte anerkannt werden durfte (bequemer Überblick über die wichtigsten Zergliederungen der Schrift nebst klarem eigenen Aufriß bei Alfred Loisy, L'Apocalypse de Jean, Paris 1923, 12ff.). Daß auf jeden Fall die — wie man andeutend sagen darf — 'politische' Erklärung des Buches zu Recht besteht, werden die unten Anm. 75, 76 und 77 S. 67 berührten Tatsachen zu ihrem Teil zu bekräftigen vermögen (vgl. auch Roland Schütz, Die Offenbarung des Johannes und der Kaiser Domitian, Forsch. z. Relig. u. Liter. d. Alten u. Neuen Testam. N.F. 32, Göttingen 1933, sowie P. Touilleux, L'Apocalypse et les cultes de Domitien et de Cybèle, Paris 1935; wertvoll Heinr. Schlier, Vom Antichrist, Zum 13. Kapitel der Offenbarung Johannis, in: Theolog. Aufsätze, Karl Barth zum 50. Geburtstag, München 1936, 110ff.).

74. Zu S. 20 Z. 32: Offenb. Joh. 13, 1 ff. Die jüdische Vorlage, die stark von Dan. 7 abhängig ist, hat Joh. Weiß, Die Offenbarung des Johannes, Forsch. z. Relig. u. Liter. d. Alten u. Neuen Testam. 3, Göttingen 1904, 140f. in folgender Form wiederherzustellen versucht:

1 »Ich sah aus dem Meere ein Tier aufsteigen,
das hatte zehn Hörner und sieben Häupter
und auf seinen Häuptern Namen der Lästerung.
2 Und das Tier, das ich sah, war wie ein Panther
und seine Füße wie die eines Bären
und sein Maul wie das Maul von Löwen.
3 Und es staunte die ganze Erde über das Tier,
4 und sie huldigten dem Tiere und sprachen:
Wer ist gleich dem Tiere
und wer kann kämpfen mit ihm?
5 Und es wurde ihm gegeben ein Mund,
der große Worte redete und Lästerungen,
6 und es öffnete seinen Mund zu Lästerungen gegen Gott,
zu lästern seinen Namen und sein Zelt.
7 Und es wurde ihm gegeben, Krieg zu führen mit den Heiligen
und sie zu besiegen,
und es wurde ihm Macht gegeben über jeden Stamm
und Volk und Zunge und Nation.«

Vgl. auch die ähnliche Fassung bei R. H. Charles, A critical and exegetical Commentary in the Revelation of St. John 1, Edinburgh 1920, 341, wo aber V. 7b mit Recht nicht aufgenommen ist.

75. Zu S. 21 Z. 3: Rom als Dirne: Offenb. Joh. 17, 1—5 (Vorbilder Jes. 23, 15—18 [gegen Tyrus]; Nahum 3, 4 [gegen Ninive]); die Erwähnung des Namens auf der Stirn der Hure (V. 5) wird nicht notwendig mit Wellhausen, Analyse der Offenbarung Johannis, Abhandl. Götting. Gesellsch. d. Wissensch. 1909 Nr. 4, 27 als voreiliger christlicher Zusatz betrachtet werden müssen. — Vernichtung Roms durch Könige, welche ἀπὸ ἀνατολῆς ἡλίου kommen: Offenb. Joh. 16, 12 sowie (auf anderer Grundlage als der Anfang des Kapitels [Charles a. O. 2, 54ff.; nicht überzeugend Loisy a. O. 310f.]) 17, 12—13. 16—17 (14—15 ist sichtlich ein Zusatz zur Vorlage). Daß die Erwartung der vom Osten heranziehenden Könige älterer, und zwar im besonderen romfeindlicher Überlieferung entstammt, zeigen die von den theologischen Erklärern bisher übersehenen Stellen, die oben im Text S. 6ff. sowie in Anm. 19 besprochen sind; freilich ist der eine östliche Herrscher, den die Überlieferung bot, im Hinblick auf Dan. 7,

7. 20. 24 verviel- bzw. verzehnfacht worden (die Zusammenhänge erkannt bereits von Norden, Josephus und Tacitus über Jesus Christus und eine messianische Weissagung, Neue Jahrbücher f. d. klass. Altertum usw. 31, 1913, 656ff.). Die auf die Parther verweisende zeitgeschichtliche Deutung, die Ed. Meyer a. O. 525 Anm. 1 scharf bestritten hat, wird durch den Einblick in die 'Traditionsgeschichte' an sich noch nicht als unberechtigt erwiesen (vgl. Henoch 56, 5ff.).

76. Zu S. 21 Z. 13: Offenb. Joh. 18, 6ff. Der Vergeltungsgedanke hat seine Vorbilder nicht nur in den Versen des Jeremias, die hier für die Stilisierung maßgebend gewesen sind (50, 15. 29), sondern auch in älteren romfeindlichen Stücken von der Art der in Anm. 20 angeführten Verse; vgl. Anm. 77 S. 66f. 72f. Anm. 83 S. 80. Bei dem Untergange Roms (s. auch 14, 8; 16, 17—20; 19, 2f.) scheint der jüdische Verfasser (Charles a. O. 2, 87ff.) unter starker Benutzung alttestamentlicher Muster (bes. Hesek. 26—28 [gegen Tyrus]. Jer. 25, 10; 51, 63f.) sehr lange verweilt zu haben. Der Gehalt seiner Ausführungen ist sichtbar in 18, 9—13. 15—19. 21—23a. b. d (§ 14 wird besser ganz ausgeschieden als in die Rede des Engels 21ff. versetzt [gegen Charles 92. 105]):

9 »Weinen über sie und sich zerschlagen werden die Könige der Erde,
die mit ihr gebuhlt und geschwelgt haben,
wenn sie den Rauch ihres Brandes sehen,
10 weitab stehend aus Furcht vor ihrer Peinigung und sprechend:
'Wehe, wehe, du große Stadt, Babylon, du starke Stadt, —
daß in einer Stunde dein Gericht gekommen ist!'
11 Und die Kaufleute der Erde weinen und klagen über sie,
weil ihre Ware ihnen niemand mehr abkauft,
12 Ware von Gold und Silber und Edelstein und Perlen
und von Leinwand und Purpur und Seide und Scharlach
und jegliches Duftholz und jegliches Werk aus Elfenbein und jegliches [Werk aus Edelholz
und aus Erz und aus Eisen und aus Marmor
13 und Zimt und Balsam und Räucherwerk
und Myrrhe und Weihrauch
und Wein und Öl und Feinmehl und Korn
und Zugvieh und Schafe [.....] und Menschenseelen.
15 Die Händler solcher Waren,
die reich geworden sind von ihr,
werden weitab stehen aus Furcht vor ihrer Peinigung
weinend und klagend
16 und werden sprechen:
'Wehe, wehe, die große Stadt,
die gehüllt war in Leinwand und Purpur und Scharlach
und übergoldet mit Gold und Edelstein und Perlen, —
daß in einer Stunde all dieser Reichtum verödete!'
17 Und jeder Steuermann und wer die Küste befährt
und Seeleute und wer von der Arbeit auf dem Meere lebt
18 standen weitab und schrieen,
da sie den Rauch ihres Brandes sahen,

und sprachen:
'Wer ist gleich der großen Stadt?'
19 Und sie warfen Staub auf ihre Häupter und schrieen
weinend und klagend
und sagten:
'Wehe, wehe, die große Stadt,
in der reich geworden sind alle, welche Schiffe auf dem Meere haben, —
daß in einer Stunde ihre Herrlichkeit verödete!'
21 Und ein starker Engel
hob einen Stein
wie einen großen Mühlstein
und warf ihn ins Meer
und sprach:
'Mit solchem Schwunge wird geworfen werden
Babylon, die große Stadt,
und nie mehr wird sie zu finden sein.
22 Und die Stimme der Harfner und Sänger
⟨soll man nie mehr hören in dir⟩,
und ⟨die Stimme der⟩ Flötenspieler und Posaunenbläser
soll man nie mehr hören in dir,
und jeglicher Fertigkeit Künstler
soll man nie mehr finden in dir,
und den Klang des Mühlsteins
soll man nie mehr hören in dir,
23 und das Licht der Lampe
soll nie mehr scheinen in dir,
und die Stimme von Bräutigam und Braut
soll man nie mehr hören in dir.
Denn durch deine Zauberei hast du alle Welt verführt.'«
(Übersetzung im Anschluß an Lohmeyer)

77. Zu S. 21 Z. 19: Das jüdische Volk hatte in der Zähigkeit, mit der es die Feindschaft gegen die Römer bei sich lebendig erhielt, nirgends im Reiche seinesgleichen. Während unter den Griechen, die an geistiger Selbstverwirklichung allein ihm ebenbürtig waren, immer nur einzelne sich fanden, welche in dieser oder jener Beziehung tatkräftig Widerstand leisteten, war das artbewußte Judentum sowohl des Mutterlandes wie der Zerstreuung kräftig genug, um sich in seiner Gesamtheit den Überwindern innerlich niemals zu ergeben. Das ausgebildete theologische Denken gestattete, dem siegreichen Gegner von vornherein seinen Platz in dem seit langem feststehenden Weltbilde anzuweisen. An dem ersten Bezwinger, dem 'Drachen' (Hesek. 29, 3) Pompeius, hatte man bereits mit eigenen Augen Gottes Strafgericht sich vollziehen sehen:

26 »Es dauerte nicht lange, da stellte
mir Gott seinen Übermut dar,
ihn selbst durchbohrt an den Bergen Ägyptens,
verachteter als der Geringste zu Land und zu Wasser,
27 seinen Leichnam umhergetrieben auf den Wogen in gewaltiger Brandung,

und niemand begrub ihn,
denn er gab ihn der Verachtung preis.
28 Er hatte nicht bedacht, daß er ein Mensch war,
und hatte das Ende nicht bedacht,
29 hatte gemeint: Ich bin der Herr von Land und Meer,
nicht erkannt, daß Gott groß ist,
stark in seiner gewaltigen Kraft.«

(Psalm. Salom. 2, 26ff. [vgl. auch 17, 11ff.] in der Übersetzung von R. Kittel bei Kautzsch, Apokryphen usw. [oben Anm. 17] 2, 133; der griechische Text etwa in der Septuaginta ed. Rahlfs 2, 473). Als sich hundert Jahre später in Palästina die große Erhebung gegen die römische Herrschaft vollzog, sind die alten Vorstellungen vom Anbruch der Endzeit und dem zu erwartenden Triumph der östlichen Welt mit den stärksten Hoffnungen an die Gegenwart herangetragen worden. Von den Gedanken, die in den führenden Kreisen herrschten, zeugt nicht nur ihr Widerschein in der Offenbarung des Johannes (oben Anm. 73), sondern in gleicher Weise auch die bei Josephus, Tacitus und Sueton sich findende Nachricht, man habe damals an eine Verheißung geglaubt, die besagte, daß zu eben dieser Zeit aus dem jüdischen Lande der Weltherrscher kommen werde (Joseph., Bell. Iud. 6, 312 τὸ δ' ἐπᾶραν αὐτοὺς μάλιστα πρὸς τὸν πόλεμον ἦν χρησμὸς ἀμφίβολος.. ἐν τοῖς ἱεροῖς εὑρημένος γράμμασιν, ὡς κατὰ τὸν καιρὸν ἐκεῖνον ἀπὸ τῆς χώρας αὐτῶν τις ἄρξει τῆς οἰκουμένης. Tac., Hist. 5, 13 *pluribus persuasio inerat antiquis sacerdotum litteris contineri eo ipso tempore fore ut valesceret oriens profectique Iudaea rerum potirentur.* Sueton, Vespas. 4, 5 *percrebuerat oriente toto vetus et constans opinio esse in fatis ut eo tempore Iudaea profecti rerum potirentur;* über die im einzelnen bestehenden Unterschiede sowie die gegenseitigen Beziehungen der drei Stellen, deren Verfasser auch in der nachträglichen Deutung des Spruches auf Vespasian zusammengehen, s. Norden, Josephus und Tacitus usw. [oben Anm. 75] 652ff. Wilh. Weber, Josephus und Vespasian, Stuttgart 1921, 35ff. Windisch [oben Anm. 19] 65ff.; zu den Worten des Tacitus haben Norden und Windisch mit Recht an die oben Anm. 19 S. 32 erwähnte Stelle bei Laktanz, Div. Inst. 7, 15, 11 erinnert; auf entsprechende Orakel für Spanien und Gallien verweist Bickermann, Gnomon 7, 1931, 279 [Suet., Galba 9, 2: bei der Erhebung Galbas im Jahre 68 finden sich 200 Jahre alte *carmina*, die verkünden *oriturum quandoque ex Hispania principem dominumque rerum;* Tac., Hist. 4, 54: nach dem Brande des Kapitols im Jahre 69 *fatali nunc igne signum caelestis irae datum et possessionem rerum humanarum transalpinis gentibus portendi superstitione vana Druidae canebant*]). Die blutige Niederwerfung und gewaltsame Entwurzelung des aufständischen Volkes haben seine seelische Widerstandskraft nicht zu zerstören vermocht. Die Erschütterung, die der Zusammenbruch bewirkte, führte zu vertiefter Selbstbesinnung und aus ihr heraus zu neuen Deutungen der Vergangenheit wie der Zukunft. Trotz allem, was geschehen war, hat schon am Ende des Jahrhunderts der grübelnde Verfasser der Esra-Apokalypse wieder behaupten können, daß die Vernichtung des Reiches und die Erhöhung der Frommen unmittelbar bevorstehe. Das Recht zu seiner Gewißheit entnahm er dem Buche Daniel, indem er das dort vorausgesagte vierte Weltreich, das »die ganze Erde verschlingen, zertreten und zermalmen« und danach selber untergehen sollte (Dan. 7, 23ff.), als das gegenwärtige Römische Reich verstand, welches ebenfalls auf dem Höhepunkte seiner Macht und seines Übermutes vernichtet werden würde (vis. 5, 7, 2 ff. Violet [vulg. 12, 11 ff.], GCS 32 S. 162 f.). Die Wesensart dieses Reiches, das er im Bilde eines riesigen Adlers erblickt haben will (wohl nach einer älteren Vorlage; Violet XLIII. XLIX. 167 f.; s. auch Assumpt. Mosis 10, 8), ließ er von dem künftigen Überwinder, dem als Löwe erscheinenden Messias, in aufwühlender Anklage vor Augen gestellt werden (vis. 5, 4, 3 ff. [vulg. 11, 38 ff.], S. 157 ff.; dazu S. 343):

3 »Höre du, ich rede mit dir! Der Höchste spricht zu dir:
4 'Bist du es nicht, der übrig blieb von den vier Tieren,
die ich gemacht hatte,
auf daß sie herrschten in meiner Welt
und durch sie komme das Ende meiner Zeiten?'
5 Als viertes bist du gekommen
und hast alle früh'ren besiegt;
6 hast geknechtet die Welt mit großer Angst,
den Erdkreis mit übler Gewalttat;
7 hast lange regiert auf dem Weltall mit List,
mit Unbill gerichtet die Erde;
8 hast die Sanften gequält und die Stillen gedrückt,
die Geraden gehaßt und die Lügner geliebt;
9 hast zerstört der Rechtschaffenen (?) Burgen,
und geschleift der Harmlosen Mauern.
10 Und es stieg empor zu dem Höchsten dein Schimpf,
dein Übermut ⟨drang⟩ zu dem Starken.
11 Und der Höchste sah an seine Zeiten:
Gar aus!, — seine Welten: Vollendet!
12 Deshalb sollst du sicherlich verschwinden, du Adler, ...
13 auf daß die ganze Erde Ruhe finde und die Welt aufatme
von deiner Gewalt und warte auf das barmherzige Urteil
ihres Schöpfers.«

Verwandt mit der Apokalypse des Esra ist die des Baruch, die nicht sehr viel später als jene und in beträchtlicher Abhängigkeit von ihr am Anfang des 2. Jahrhunderts niedergeschrieben zu sein scheint (so Violet, Vorrede zur Ausgabe GCS 32 S. LXXXI ff.; anders etwa Em. Schürer, Geschichte des jüd. Volkes im Zeitalter Jesu Christi 3[4], Leipzig 1909, 309 ff.; grundsätzlich abweichend, ohne jedoch mit der Annahme, daß es sich um eine judenchristliche Schrift handele, überzeugen zu können, Theod. Zahn, Die Offenbarung des Johannes 1, Leipzig 1924, 139 ff. sowie v. Gall [oben Anm. 16] 441 Anm. 1 [vgl. 414 ff.]). Wenn die Verfasser beider Werke sich in ähnlicher Weise als Zeitgenossen der babylonischen Gefangenschaft ausgeben, so ist die stark empfundene Übereinstimmung zwischen dem früheren und dem gegenwärtigen Unglück des jüdischen Volkes in dem gröberen Buche des Baruch freilich entschiedener und mit dem unbefangeneren Wirkungswillen zur Geltung gebracht worden. Hier wird von dem Fall Jerusalems und der Herrschaft Babylons geflissentlich so beziehungsreich gesprochen, daß jeder Leser sofort die Geschehnisse und die Hoffnungen seiner eigenen Lebenszeit Zug für Zug in denen der Vergangenheit wiedererkennen mußte.

29 »Dies aber sage ich, Baruch,
dir zuwider, o Babel:
30 Wenn du glückselig wärest
und Zion in Ehren bestünde,
31 Ein großer Schmerz wäre es uns,
daß du vergleichbar mit Zion.
32 Doch nun ist es uns unendliches Weh
und Trauer, die ohne Maßen,
33 Daß du glückselig und Zion verödet.
34 Wer ist's, der Richter sei darob,
oder wen anklagen um unser Geschick?
35 O Herr, wie konnt'st du es dulden?«
(vis. 2, 2, 29ff. [vulg. 11, 1ff.], S. 218 V.)

41 »Aber dies sag' ich, so denkend,
und spreche es wider dich, glückliches Land:
42 Nicht allezeit glühet der Mittag,
und die Strahlen der Sonne, sie leuchten nicht dauernd!
43 Nicht wähne noch warte, daß immer
du werdest glückselig und froh sein!
44 Nicht zu hoch erheb dich und tritt ⟨uns⟩ ...
45 Denn sicher zu seiner Zeit erwacht über dich der Grimm,
46 der jetzt durch die Langmut wie durch Zäume gehemmt wird.«
(vis. 2, 2, 41ff. [vulg. 12, 1ff.], S. 219f. V.)

Um die Zuversicht auf den Sturz des Reiches zu bestärken, hat der Verfasser das erhoffte Ereignis in einem besonderen Traumgesichte dargestellt (über die zu vermutende Vorlage zuletzt Violet LXXXIX). Ein Wald in einem Tale, dem ein Weinstock und eine Quelle gegenüberliegen, wird von dieser Quelle mit großen Wogen überflutet und fortgerissen. Ein einziger Baum, der zunächst noch übrig bleibt, wird alsbald von dem Weinstock selbst der Vernichtung überantwortet. Danach beginnt der Weinstock zu wachsen »und alles rings um ihn her war ein Tal voll Blumen« (vis. 4, 2, 1ff. [vulg. 36, 1ff.], S. 252ff. V.). Während der Weinstock den Messias bedeutet, ist der Wald das vierte danielische Königreich, das hier ebenso wie im Esra-Buche als das Römische Reich aufgefaßt wird. »Es wird lange Zeit dauern wie der Wald des Tales und wird länger herrschen und höher sich erheben als die Zedern des Libanon. In ihm wird die Wahrheit sich verstecken, aber alle, die sich mit Untat besudelt haben, werden sich zu ihm flüchten, wie die wilden Tiere sich flüchten und im Walde verkriechen.« Der eine Baum aber, der übrig blieb, ist »der letzte Anführer«, der gefesselt auf den Berg Zion gebracht und dort von dem Messias abgeurteilt werden soll (vis. 4, 4, 5ff. [vulg. 39, 5ff.], S. 255f.). In ihrem letzten Abschnitt endlich unternimmt es die Schrift, indem sie unter Hinweis auf das Richteramt Gottes die Fragwürdigkeit aller irdischen Gewalten sichtbar werden läßt, nun fast ohne jede Verhüllung die römische Herrschaft herabzusetzen und die Furcht vor ihr in den Gläubigen zu zerstören:

3, 7 »Ihr sollt aber wissen, daß unser Schöpfer
uns an allen unseren Feinden ernstlich rächen wird
für alles, was sie uns angetan haben ...
9 Denn jetzt sehen wir die Glücks-Fülle der Völker,
obwohl sie freveln;
und doch gleichen sie dem Hauche.
10 Und wir schauen die Menge ihrer Gewalt,
obwohl sie übeltun;
und doch sind sie den Tropfen gleich (vgl. Jes. 40, 15).
11 Und wir sehen die Festigkeit ihrer Macht,
obwohl sie dem Gewaltigen immerfort widerstehen;
und doch werden sie dem Speichel gleichgeachtet (vgl. Jes. 40, 15 [LXX).
12 Und wir bedenken den Ruhm ihrer Größe,
obwohl sie des Höchsten Satzungen nicht beachten;
und doch werden sie wie Rauch vergehen.
13 Und wir sinnen über die Pracht ihrer Schönheit,
obwohl sie in Unreinheit wandeln;
und doch werden sie wie welkendes Gras verdorren (vgl. Ps. 90, 5. 6).
14 Und wir betrachten die Härte ihrer Grausamkeit,
obwohl sie des Endes nicht gedenken;
und doch werden sie wie eine fließende Welle zerstieben.
15 Und wir beachten das Prangen ihrer Macht,
obwohl sie dem undankbar sind, der sie ihnen gegeben;
und doch werden sie wie eine ziehende Wolke vergehen.
4, 1 Denn der Höchste beeilt seine Zeiten geschwind,
bringt sicher herbei seine Fristen;
2 Er richtet gerecht die Art seiner Welt,
untersucht mit Wahrheit jedwedes;
3 Er prüft alle Taten, die heimlich geschah'n (Ps. 26, 2; 139, 23),
und erforscht die verborgenen Gedanken;
4 Was tief in den Gliedern des Menschen liegt,
stellt er offen vor alle zum Vorwurf.«

(Brief 3, 7ff. [vulg. 82, 2ff.], S. 325ff. V.)

Neben der einheimischen Form der Offenbarungsschriften ist auch die der griechischen sibyllinischen Dichtung von den Juden verwendet worden, um den Gefühlen der Feindschaft gegen Rom, wie man sie selbst empfand, Ausdruck zu verleihen und sie bei anderen nach Möglichkeit zu wecken oder doch zu stärken. Der Verfasser des 4. Buches der überlieferten Orakelsammlung hat in dem weltgeschichtlichen Überblick, mit dem er wenige Jahre nach der Zerstörung Jerusalems (vgl. Rzach [oben Anm. 17] 2133) für den jüdischen Gedanken zu werben suchte, die alte Weissagung neu gestaltet, daß die Römer alles, was sie aus Asien fortgeschleppt hätten, dereinst mit Zinsen würden zurückerstatten müssen (4, 145ff. ἥξει δ' εἰς 'Ασίην πλοῦτος μέγας, ὅν ποτε 'Ρώμη /

αὐτὴ συλήσασα πολυκτέανον κατὰ δῶμα / θήκατο· καὶ δὶς ἔπειτα τοσαῦτα καὶ ἄλλ' ἀποδώσει / εἰς 'Ασίην, τότε δ' ἔσται ὑπέρκτησις πολέμοιο· dazu oben Anm. 20. 76 sowie unten S. 72f. u. Anm. 83 S. 80; Ausdruck der Feindschaft gegen Rom sind auch die Verse 4, 130ff. nach 115ff.). Etwa zwanzig Jahre später, zeitlich also dem 'Esra' nahestehend, ist von dem ägyptischen Juden, dem die Hauptstücke des 5. Sibyllinenbuches zugewiesen werden dürfen (Rzach 2137 f. Geffcken [oben Anm. 18] 22ff.), der Angriff noch nachhaltiger geführt worden. Besondere Beachtung verdient die Versreihe 5, 155ff., die sich in manchen ihrer Ausfälle mit der Offenbarung des Johannes berührt und eine bisher nicht hinreichend gewürdigte Bestätigung bietet sowohl für die umstrittene 'politische' Deutung dieses christlichen Buches wie auch für die Annahme jüdischer Vor- und Grundlagen, die in ihm verwertet seien (vgl. oben Anm. 73). »158 Es wird kommen vom Himmel herab ein riesiger Stern in die göttliche Salzflut 159 und wird verbrennen das tiefe Meer und Babylon selbst 160 und das italische Land, um dessentwillen vernichtet sind viele 161 reine Gläubige der Hebräer und das wahrhaftige Volk. 162 Schlimmes wirst du unter schlimmen Menschen erdulden (ἔσσεαι μοχθήσασα, vgl. 8, 237 sowie 5, 98; falsch Blaß [oben Anm. 17] 209), 163 aber du wirst inskünftig für alle Zeit (vgl. 2, 255) völlig verlassen bleiben [164 ....], 165 deinen Boden hassend, weil du nach Zauberei Verlangen trugest. 166 Ehebruch ist bei dir und verbotener Verkehr mit Knaben, 167 wie mit Weibern, voll Unrecht, du böse Stadt, unselige vor allen. 168 Wehe, du gänzlich unreine Stadt der latinischen Erde, 169 du rasende, otternfreudige, als Witwe mögest du an den Ufern sitzen, 170 und der Tiberfluß wird dich beweinen, seine Gattin, 171 die du ein blutgieriges Herz hast und gottlosen Sinn. 172 Nicht erkanntest du, was Gott vermag und was er wirkt, 173 sondern du sagtest: 'Die einzige bin ich und niemand wird mich zerstören'. 174 Nun aber wird dich und alle die Deinen der ewig seiende Gott zerstören, 175 und nicht mehr wird von dir ein Zeichen in jenem Lande sein 176 wie ehemals, als der große Gott deine Ehren erfand. 177 Bleibe, du Gesetzlose, allein, und vermischt mit flammendem Feuer 178 ziehe ein in den gesetzlosen Tartarus-Ort des Hades.« Die Verse, die nicht etwa als ein späterer christlicher Zusatz innerhalb der jüdischen Umgebung aufgefaßt werden können (nach ihnen ist der folgende Abschnitt 179—186 gestaltet, s. 184 ~ 169; 185 ~ 169; 186 ~ 173), liefern den Beweis, daß man in der jüdischen Welt des endenden 1. Jahrhunderts nach Christus für das feindliche Rom auch außerhalb geschlossener Bilderreden (oben S. 64f.) den Schmähnamen Babylon verwandte (V. 159; vgl. 143; s. auch unten S. 69 sowie Anm. 79) und die gegen das alte Babylon gerichteten Worte des 47. Jesajakapitels auf den neuen Namensträger zu beziehen wußte (165 φαρμακίην ἐπόθησας nach Jes. 47, 9. 12; 168 πάντ' ἀκάθαρτε πόλι nach Jes. 47, 11?; 169 χήρη nach Jes. 47, 8f.; 173 ἔλεγες 'μόνη εἰμί' nach Jes. 47, 8; 177f. nach Jes. 14, 15; vgl. unten Anm. 83). Wenn also im 18. Kapitel der Offenbarung des Johannes der Triumph über 'Babylon' unter gleichartiger Verwertung gerade auch jener Jesajaworte gefeiert wird (s. bes. 18, 7f. 23; zu § 7 Hinweis auf V. 173 schon in Boussets Kommentar), so ist man berechtigt, dort eine Äußerung desselben jüdischen Hasses gegen den römischen Gegner zu erkennen; ob zwischen der Vorlage dieses Kapitels und dem Abschnitt des 5. Sibyllinenbuches irgendwie eine engere, das heißt literarische Beziehung besteht, wird sich freilich kaum feststellen lassen (weniger vorsichtig Geffcken, Studien zur älteren Nerosage, Nachr. Götting. Gesellsch. d. Wissensch., Phil.-Hist. Kl. 1899, 450). In dem Sibyllinenbuche folgen jenem ersten Angriff auf Rom, getrennt durch mancherlei andere Stücke, weitere ähnliche Verse, die sich gegen Italien und Rom wenden. Nachdem schon V. 342 f. mit wenigen Worten dem »dreimal unglücklichen Italien« geweissagt war, daß es »gänzlich verlassen (vgl. V. 163) unbeweint auf der blühenden Erde bleiben« werde, schildern die Verse 362 ff. in bereitwilliger Anerkennung umlaufender Erzählungen (vgl. Rzach 2132 Anm.; s. auch oben Anm. 19 S. 34f.), wie gerade ein römischer Kaiser, der wiederkehrende Nero, die Endzeit mit allen ihren Schrecken über die Welt bringen werde. In einem nächsten Abschnitt wird darauf die Vernichtung Roms, die vorerst nur kurz hatte angedeutet werden können (367. 377 ff.), den Römern selbst und ihrer Stadt in unmittelbarer Ansprache verkündet (386 ff.). Im Hinblick auf den einen Nero, dem man die Ermordung seiner Mutter niemals vergessen hat, werden hier in ungeheuerlicher Übertreibung sämtliche Römer als Muttermörder (μητρολέται) bezeichnet, die sich, wie mit einem eigentümlich jüdischen Vorwurf ausgeführt wird (vgl. oben Anm. 18 und MT [Titel gleich unten] Nr. 101), aller nur denkbaren Vergehen der Unzucht schuldig gemacht hätten. Den Abschluß der Rede bildet die drohende Behauptung, daß zur Strafe für die Zerstörung Jerusalems und seines Tempels dereinst auf dem Boden Roms das Feuer der Vesta, in dem die Dauer von Stadt und Reich gewährleistet schien, für alle Zukunft verlöschen werde. Seit diesen Schilderungen aus der Zeit nach der Zerstörung Jerusalems hat der Gedanke von der Vernichtung Roms seinen festen Platz in dem Vorstellungsbereiche der jüdischen Sibyllinen. Noch im 3. und 4. Jahrhundert tritt er in ihren Weissagungen auf, dort freilich erstarrt und aus einer gewandelten Stimmung heraus wohl auch durch entgegengesetzte Verkündigungen geradezu überwunden (2, 15 ff.; 14, 32 ff. u. 48, 170 f. u. 208 ff., 259 u. 277 ff.; die Stellen aus dem 14. Buche [4. Jhdt.] geben die Möglichkeit, die Verse des 2. Buches richtig zu beurteilen [zutreffend Rzach 2146. 2149. 2151, der 2, 6—33 in das 3. Jhdt. setzt; an christliche Interpolation der Verse 6—19 dachte Geffcken, Komposition usw. ⟨oben Anm. 18⟩ 50 Anm. 3 eben wegen ihrer romfeindlichen Gesinnung, die in so später Zeit bei einem Juden nicht anzunehmen sei; wohl aus ähnlichen Erwägungen vermuteten Bousset-Greßmann ⟨oben Anm. 17⟩ 38 für diese Verse und weiter für die ganze jüdische Grundlage des 2. Buches Entstehung in der Zeit um 70 n. Chr.]). — Den zweckbewußten, auf eine breite Wirkung berechneten Äußerungen der Offenbarungsbücher stehen die stilleren, aber innerlich nicht weniger festen Sätze des gelehrten rabbinischen Schrifttums zur Seite (das Folgende nach den Stellensammlungen von Sam. Krauß in den Monumenta Talmudica Bd. 5 [Geschichte], Teil I [Griechen und Römer], Wien 1914 [= MT], sowie von Herm. L. Strack und Paul Billerbeck in ihrem Kommentar zum Neuen Testament aus Talmud und Midrasch, München 1922 ff. [= SB]; s. auch Grünbaum, Beiträge zur vergleich. Mythologie aus der Hagada, Zeitschr. d. Deutschen Morgenländ. Gesellsch. 31, 1877, 183 ff., bes. 305 ff. Ferd. Weber, Jüd. Theologie auf Grund des Talmud und verwandter Schriften², Leipzig 1897, 365 ff. Nathan Wasser, Die Stellung der Juden gegenüber den Römern nach der rabbin. Literatur, Diss. Zürich 1933; vgl. auch Bousset, Antichrist [oben Anm. 19] 66ff.). Unter Verwendung von Decknamen, deren Gebrauch sich aus Gründen der Vorsicht empfahl, wußte man in kunstvoller Auslegung geeigneter Bibelstellen das Wesen und die geschichtliche Stellung des »bösen«, »frevelhaften« Reiches (z. B. MT Nr. 17. 26. 29. 37a. 42. 63. 79. 95. 102. 149. 336. SB 3, 818; 4, 867. 875 h) unmißverständlich zur Anschauung zu bringen (über die Decknamen [Rom = Babel, Edom, Esau; Römer = Perser] sowie sonstige Verschleierungen vgl. Schürer [oben S. 64] 320 Anm. 78; Wasser 8. 33ff.; s. auch MT Index 3 unter den betreffenden Worten). Indem man das vierte Reich der danielischen Zukunftsschau im römischen Weltreich verwirklicht sah (z. B. MT Nr. 47. 83 [= SB 4, 1006. 1203]; vgl. SB 4, 1002; s. auch oben S. 63f., unten S. 72), hielt man sich für berechtigt, überall in der Schrift, wo nebeneinander vier Begriffe zu fassen waren, eine Hindeutung auf den Gesamtverlauf der Weltgeschichte zu erkennen und jeweils die vierte der betreffenden Größen mit Rom selbst zu verbinden (MT Nr. 26—47. SB 1, 449 [= 3, 393]; 4, 866f. [vgl. 3, 396]. 875. 1004ff. Grünbaum 307ff.). Wie man dabei vorging, mag als Probe die Erläuterung zu den Sprüchen Salomos 30, 24—28 veranschaulichen. Im (verdorbenen) Bibeltexte las man: »Vier sind die Kleinsten auf Erden und doch sind sie gewitzigte Weise: Die Ameisen, ein Volk ohne Stärke, dennoch schaffen sie im Sommer ihre Speise; die Kaninchen, ein Volk ohne Macht, dennoch legen sie ihr Haus in den Felsen; die Heuschrecken haben keinen König, dennoch zieht der ganze Schwarm geordnet aus; die Spinne greift mit ihren Händen zu und ist in den Schlössern der Könige.« Dazu lautete die Erklärung (MT Nr. 44; vgl. auch MT Nr. 79. 365): »'Vier sind die Kleinsten der Erde' — das sind die vier Weltreiche. 'Die Ameisen, ein Volk ohne Stärke' — das ist Babel, denn es heißt: 'Sieh da, das Land der Chaldäer, dieses Volk, als ob es nie dagewesen wäre' (Jes. 23, 13) ... 'Kaninchen, ein Volk ohne Macht' — das ist Medien; 'dennoch legten sie ihr Haus in den Felsen' — das ist Ahasveros und Kyros, die da trachteten, das Heiligtum zu erbauen. 'Heuschrecken haben keinen König' — das ist Griechenland und zwar Alexandros der Makedonier, der sich in der ganzen Welt herumtrieb wie die Heuschrecke, die sich aufschwingt und in die Lüfte fliegt. 'Die Spinne greift mit den Händen zu' — das ist Edom, denn unter allem Gekreuch gibt es nichts Verhaßteres als die Spinne. Und so steht auch geschrieben: 'Und den Esau haßte ich' (Mal. 1, 3). 'Sie ist in des Königs Schlössern' — es (Edom) hat nämlich das Heiligtum zerstört.« In entsprechender Weise ließen sich die in Gen. 15, 9 genannten vier Tiere Kalb, Ziege, Widder, Taube erklären; dann sagte man, die Taube bezeichne das »edomitische Reich«, das sich wie eine Taube gebe, in Wahrheit aber ein Raubvogel sei (MT Nr. 31; dazu Grünbaum 307). Oder es wurden die vier Ströme, die nach Gen. 2, 10ff. aus dem Garten Eden hervorgingen, einer solchen Deutung unterworfen; in einem späteren Texte, der verschiedene ältere Erklärungen zusammenfaßt, heißt es von dem vierten Strome: »'Und der vierte Strom ist der Euphrat' — das ist Edom, das sich streckt und mehrt durch das Gebet des Alten (d. i. Isaaks Segen über Esau, Gen. 27, 1); ein anderes Wort: das sich streckt und mehrt und die Welt Israels bedrängt; ein anderes Wort: das sich streckt und mehrt und Seinen Sohn bedrängt; ein anderes Wort: das sich streckt und mehrt und Seinen Tempel bedrängt; ein anderes Wort: 'Euphrat' — um des Endes willen, denn es heißt: 'Die Kelter trete ich allein' (Jes. 63, 3)« (MT

Nr. 27 mit den Anmerkungen von Krauß; vgl. SB 4, 1004f.; Jes. 63, 3 auf Rom bezogen auch SB 4, 861). Besonders mannigfaltig waren die Begründungen dafür, daß man im Anschluß an Lev. 11, 4—7, wo Kamel, Klippdachs, Hase und Schwein genannt waren, das Schwein als Sinnbild des verhaßten Reiches betrachtete (MT Nr. 35. 36. 75. 76. SB 1, 449f.; 3, 393f.; 4, 1005f.). »Rabbi Pinechas (um 360) und Rabbi Chilqijja (um 320) haben im Namen des Rabbi Simon (um 280) gesagt: Von allen Propheten haben es (d. h. das Römische Reich) nur zwei näher gekennzeichnet, nämlich Asaph und Moses. Asaph hat gesagt: 'Es frißt ihn (den Weinstock Gottes = Israel) das Schwein aus dem Walde' (Ps. 80, 14; vgl. MT Nr. 34a. 313). Mose hat gesagt: 'Und das Schwein, denn es hat gespaltenen Huf' (Lev. 11, 7; der gespaltene Huf ein Zeichen der Reinheit). Warum wird es mit dem Schwein verglichen? Um dir zu sagen: Wie das Schwein, wenn es sich niederlegt, seine Klauen ausstreckt und sagt: Seht daß ich rein bin!, so erhebt sich stolz das Reich Edom und übt Gewalttat und raubt, dabei aber gibt es sich den Anschein, als ob es den Richterstuhl instand setze (d. h. als ob es rechtlich verfahre). Ein Machthaber ließ einmal die Diebe, Ehebrecher und Zauberer töten, dabei neigte er sich und sagte zu seinen Ratsherren: Diese drei Dinge habe ich in einer Nacht getan« (MT Nr. 76 [= SB 1, 449; 3, 393; 4, 1211 Anm. 1]). »'Das Schwein' (Lev. 11, 7) ist Edom, 'es käut nicht wieder' (ebd.; Nichtwiederkäuen ein Zeichen der Unreinheit), denn es preist Gott nicht; und nicht genug, daß es nicht preist, es schmäht und lästert und spricht: 'Wen habe ich im Himmel' (Ps. 73, 25)« (MT Nr. 35 [= SB 1, 449; 3, 393]; Ps. 73, 25 zur Kennzeichnung Roms auch MT Nr. 38 [= SB 3, 394f.]. SB 4, 1006). »'Das Schwein' — das ist Edom, und 'es käut nicht wieder' — denn es erhöht die Gerechten nicht, und nicht genug, daß es nicht erhöht, es tötet sie auch noch. Das ist es, was geschrieben steht: 'Ich zürnte über mein Volk, entweihte mein Erbe' (Jes. 47, 6). 'Mein Erbe' — das ist Rabbi Aqiba (hingerichtet um 135) und seine Gefährten« (MT Nr. 35 [= SB 3, 393f.]). »'Das Schwein' ist Edom, 'es käut nicht wieder', denn es wird kein anderes Weltreich nach sich haben. Und warum wird es Schwein genannt? Weil es die Herrscherkrone an ihren Herrn zurückgeben wird, denn es steht geschrieben: 'Heraufziehen werden die Befreier auf den Berg Zion, zu richten das Gebirge Esaus, und es wird die Königsherrschaft Jahve zufallen' (Obadja 21)« (MT Nr. 35 [= SB 1, 449; 3, 394; 4, 1006]; vgl. SB 1, 450 [= 4, 893a. 1211 Anm. 1]; Ob. 21 auf Rom bezogen auch SB 4, 863; Vermutungen über mitwirkende Gründe für die Gleichung Schwein = Rom [Eber auf römischen Feldzeichen; Verhöhnung der Juden durch Schweinedarstellungen; Schwein als Lieblingsspeise der Römer] bei Krauß MT S. 15 und SB 1, 450; 4, 1211 Anm. 1). Auf welchen Tatsachen im besonderen die Abneigung gegen Rom beruhte, hat Rabban Gamaliel (II., 1./2. Jhdt.) in einem kurzen Worte zum Ausdruck gebracht: »Mit vier Dingen zehrt dieses Reich an uns: mit seinen Zöllen, Bädern, Theatern und den Naturallieferungen« (MT Nr. 396). Daß unter den Belastungen hier auch solche Werke erscheinen, mit denen die Römer selbst das Land vielmehr gefördert zu haben glaubten, entspricht einem verbreiteten Urteil. Die großen römischen Bauten haben zwar auf manche Juden den Eindruck nicht verfehlt, aber zum mindesten in den strengeren Kreisen sind sie stets nur mit Mißtrauen und innerem Widerstreben betrachtet worden (vgl. auch oben Anm. 60). Sehr bezeichnend ist in dieser Hinsicht ein Gespräch, das im 2. Jahrhundert die Rabbiner Jehuda und Simon über die römische Herrschaft geführt haben. Jehuda sagt: »Wie großartig sind doch die Taten dieser Nation. Sie bauen Märkte, bauen Brücken, bauen Bäder«. Simon aber entgegnet: »Alles was sie bauen, bauen sie zu ihrem eigenen Bedarf. Sie bauen Märkte, um Dirnen hineinzusetzen, Bäder, um sich in ihnen gütlich zu tun, Brücken, um auf ihnen Zölle zu erheben« (MT Nr. 82; verwertet MT Nr. 83 [= SB 4, 1203]). Ähnlich, nur noch schärfer äußerten sich andere Theologen, die das Bild des 'Toren' im 14. Psalm auf »Esau den Frevler« deuteten mit der Begründung, daß die Römer in der ganzen Welt »Dirnenhäuser, Schmutzhäuser (= Tempel), Theater und Zirkusse errichtet« hätten und »Säulen am Eingang des Unzuchthauses, am Eingang der Aborte und Badehäuser« aufstellten (SB 3, 157f. [aus dem 3. und 4. Jhdt.]; vgl. Krauß, The Jewish Encyclopaedia, s. v. Circus, 4, 103ff.). Am schwersten aber hat man naturgemäß überall die unerbittliche Eintreibung der Steuern und sonstigen Abgaben sowie die ständigen Erpressungen empfunden. Die 'Zöllner', und das heißt ganz allgemein die Steuereinnehmer, die als Juden mit den römischen Herren zusammenarbeiteten, gehören nicht nur im Neuen Testament zu den verachtetsten Menschen (vgl. Carl Chr. Burckhardt, Zöllner und Sünder, Schriften und Vorträge, Basel 1917, 307ff.); im Talmud sind diese »Bedrücker Israels, die im Verein mit der Regierung Israel bedrängen und mit ihr zusammen untergehen werden«, den Räubern und den Mördern gleichgestellt (Wasser a. O. 28f.). Rom selbst aber gilt als das »frevelhafte Reich, welches ein gieriges Auge wirft auf das Vermögen der Menschen« (MT Nr. 149) und »das Fett der Völker frißt« (MT Nr. 34a; s. etwa noch 313. 370. Wasser a. O. 9ff.). Einer gegenwartsnahen Auslegungskunst gelang es, diese gewalttätige Unersättlichkeit des Reiches und seiner einzelnen Beamten (s. MT 34a gegen Ende; 81) schon in einem alten Prophetenworte angekündigt zu finden. »Rabbi Berekhja (um 340) hat gesagt: Der härteste (unter den Feinden Israels) ist der Engelfürst Edoms (Engelfürst = himmlischer Vertreter und Schutzherr; Weber [oben S. 68] 170f. Bousset-Greßmann [oben Anm. 17] 324. 326). So nämlich hat ihn Sacharja gesehen, denn es heißt: 'Ich habe des Nachts geschaut und siehe, ein Mann, reitend auf einem roten Roß, der hielt zwischen Myrtenbäumen, die im Tiefgrunde sind' (Sach. 1, 8). Denn er wollte sich denen gleichstellen, welche 'Myrten' genannt werden, den Israeliten, die in der Tiefe sind . . . 'Und hinter ihm rote, rotbraune und weiße Rosse' (ebd.) — damit sind die Könige gemeint, die aus Rom erstanden sind: 'rote', denn sie lieben das Gold; 'rotbraune', denn sie kämmen (mit eisernen Kämmen) das Fleisch vom Leibe der Israeliten und nehmen ihr Vermögen fort; 'weiße', damit sie (durch die Last ihrer Herrschaft) die Sünden der Israeliten sühnen« (SB 3, 802f.). Wie am Schluß dieser Stelle die Römerherrschaft als ein Mittel der Züchtigung und der Sühne begriffen wird, so war es überhaupt dem jüdischen Weltverständnis eigen, in dem Unglück, das man zu erdulden hatte, den Erziehungsplan Gottes wirksam zu sehen und in der Preisgabe an die »Edomiter«, die »gleich Schlangen, gleich Ottern« »voll Giftes« waren, die Strafe für die eigene Sündhaftigkeit zu erkennen (MT Nr. 40b; eine besondere Auffassung [Gründung Roms als Strafe für Salomos Ehe mit der Tochter des Pharao] SB 2, 96; 3, 816b [= MT Nr. 16]; Grünbaum a. O. 199). Aber aus demselben Glauben an die göttliche Gerechtigkeit erwuchs auch die Überzeugung, daß dereinst dem feindlichen Reiche der Untergang, dem eigenen Volke jedoch dauernde Erhöhung beschieden sein werde (vgl. SB 4, 860ff. 880ff.). »Wenn du horstetest dem Adler gleich und wenn zwischen den Sternen wäre dein Nest, so will ich dich von dort hinabstürzen«, lautete ein »Spruch Jahves« (Obadja 4), der den Römern zu gelten schien (SB 3, 49f.), und diesem zur Seite stand das Zeugnis des Propheten Daniel (7, 11), der in seinem Traume gesehen hatte, wie das vierte Tier »dem Feuerbrande überliefert« wurde (SB 4, 1006; vgl. oben S. 69). Auch die Qualen, die den Römern im einzelnen bevorstanden, konnte man mit Genugtuung in der Schrift schon vorgezeichnet finden. »Rabbi Levi (um 300) hat im Namen des Rabbi Chama ben Chanina (um 260) gesagt: Der welcher Rache an den Ersten genommen hat, wird auch Rache an den Letzten nehmen. Wie Ägypten mit Blut (bestraft wurde), so auch Edom, wie es heißt: 'Ich will Wunderzeichen im Himmel und auf der Erde geben, Blut, Feuer und Rauchsäulen' (Joel 3, 3). Wie Ägypten durch Frösche, so auch Edom, wie es heißt: 'Hallender Lärm (hier = Quaken der Frösche) aus der Stadt' (Jes. 66, 6). Wie Ägypten durch Stechmücken, so auch Edom, {wie es heißt: 'Da wandeln sich ihre Bäche zu Pech und ihr Staub zu Schwefel' (Jes. 34, 9) *delevi*} wie es heißt: 'Schlage den Staub der Erde, und er soll zu Stechmücken werden' (Exod. 8, 12). Wie Ägypten mit allerlei Getier, so auch Edom, wie es heißt: 'Und Besitz davon nehmen Pelikan und Igel, Uhu und Rabe werden seine Bewohner' (Jes. 34, 11). Wie Ägypten mit Pest, so auch Edom, wie es heißt: 'Ich will mit ihm rechten durch Pest und Blut' (Hesek. 38, 22). Wie Ägypten mit Geschwüren, so auch Edom, wie es heißt: 'Verfaulen läßt er sein Fleisch' (Sach. 14, 12). Wie Ägypten mit Hagel, so auch Edom, wie es heißt: 'Schwemmenden Gußregen und Hagelsteine will ich auf ihn regnen lassen' (Hesek. 38, 22). Wie Ägypten mit Heuschrecken, so auch Edom, wie es heißt: 'Du aber, o Menschensohn, spricht Jahve-Elohim, sage zu den Vögeln, zu allem, was Flügel hat: Sammelt euch und kommt herbei, schart euch von ringsher zusammen zu meinem Opfermahl. Fleisch von Heiden sollt ihr essen' (Hesek. 39, 17f.). {Und ferner steht geschrieben 'Ihr sollt Fett essen bis zur Sättigung' (Hesek. 39, 19) *delevi*}. Wie Ägypten mit Finsternis, so auch Edom, wie es heißt: 'Er spannt darüber die Meßschnur der Wüstnis und das Senkblei der Leere' (Jes. 34, 11). Und wie er in Ägypten die Größten herausnahm und tötete, so auch in Edom, denn es heißt: 'Hinunter müssen Büffel mit ihnen' (Jes. 34, 7)« (SB 3, 818 [= 4, 867]; dort weitere Belege; vgl. 4, 861ff. MT Nr. 86 [= SB 4, 867]). In dem Römischen Reiche sah man die letzte feindliche Macht zu Grunde gehen. Wie Jakob bei der Geburt die Ferse Esaus hielt (Gen. 25, 26), so sollte die Herrschaft Israels unmittelbar auf die der Römer folgen (SB 4, 895d). Unter den Vorstellungen, die dem erhofften endzeitlichen Segenszustande galten, nimmt nicht den letzten Platz die Erwartung ein, daß Israel dann in den vollen Besitz des Reichtums seiner gegenwärtigen römischen Bedrücker gelangen werde, so wie es bei dem Propheten (Hesek. 39, 10) hieß: 'Sie werden ihre Räuber berauben und ihre Plünderer plündern' (SB 4, 937). Wenn einst die Sibylle geweissagt hatte, daß Rom alles zurückerstatten werde, was es mit Gewalt aus Asien fortgeschleppt hatte (oben Anm. 20), so begegnet der gleiche Gedanke auf Israel verengert nun auch in der schwerfälligen Sprache rabbinischen Schriftgelehrtentums: »'Alle Flüsse gehen in das Meer, und das Meer wird nicht voll davon' (Pred. Salom. 1, 7). Alles Geld wurde hinaufgeschafft zum Reiche Edom, und das Reich Edom wurde niemals voll davon. Denn Rabbi Levi (um 300) hat gesagt: Es steht geschrieben: 'Die Augen des Menschen' — das heißt die Augen Edoms — 'werden nicht satt' (Sprüche Salom. 27, 20). Wenn du aber meinst, daß das Geld, nachdem es bei der Regierung zusammengeflossen ist, nicht wieder zu den Eigentümern zurückgelangen werde, so sagt die Schrift lehrend: 'An den Ort, dahin die Flüsse gehen, von da kehren sie immer wieder zurück' (Pred. Salom. 1, 7 [verdorbener Text]). Von dem Ort, an dem das Geld zusammengebracht wurde für das Reich Edom in dieser Welt, von dort wird es zerstreut werden in den Tagen des Messias. Denn es steht geschrieben: 'Es wird ihr Gewinn und ihr Erwerb Jahve heilig sein. Man wird ihn nicht sammeln noch aufspeichern, sondern denen, die im Angesichte Jahves wohnen, soll ihr Gewinn zu reichlicher Nahrung und stattlicher Kleidung dienen' (Jes. 23, 18)« (SB 4, 937 [= 827]; dort zwei weitere gleichartige Stellen). — Zusatz: Nicht zu den Äußerungen jüdischer Feindschaft gegen Rom gehören die Angriffe, die sich in der slavischen Übersetzung des Jüdischen Krieges des Josephus finden. 1, 31, Bd. 1 S. 107 Istrin-Pascal (= 2 S. 205 Berendts-Graß, zu 1, 31, 1, § 605 Niese): »Ainsi sont les Latins: ils courent au-devant du lucre, ils sont prêts à transgresser leur serment pour des présents, dans la calomnie ils ne voient pas de péché: 'Nous n'avons fait que parler, nous n'avons pas tué nous-mêmes', disent-ils, se figurant, les maudits, que le meurtrier est celui qui tue de sa main et que calomnie, délation, excitation contre le prochain ne sont pas meurtre. S'ils entendaient la loi de Dieu, depuis longtemps elle leur aurait montré ce que c'est que le meurtre. Mais ils sont d'autre race, et notre doctrine ne les touche pas« ... S. 109 I.-P. (= S. 208f. B.-G., zu § 610): »C'est qu'ils sont insatiables au gain: si vous leur donnez davantage aujourd'hui, demain ils voudront davantage encore; et comme la mer ne peut se remplir ni l'enfer se rassasier non plus que la luxure de la femme (Prov. 30, 16), ainsi les Romains sont insatiables de lucre. Les voilà, les vraies sangsues de Salomon (Prov. 30, 15), qui livrent leur vie et leur âme contre salaire. Ils peuvent livrer même leurs membres, et leurs frères et leurs enfants, les uns par témérité, faisant de folie courage, les autres par avidité, courant à l'or comme les corbeaux au cadavre. Beaucoup même sont capables, à bas prix, de livrer et leurs cités et leurs capitaines.« Daß hier ein Byzantiner etwa des 12. oder 13. Jahrhunderts spricht, hat H. Lewy, Dt. Lit.-Zeitg. 1930, 490 in der Auseinandersetzung mit Eisler (oben Anm. 27) 1, 324ff. durch den Nachweis gleichartiger Schmähungen in anderen byzantinischen Schriften (Anna Komnena, Alexias 6, 6; 11, 2; dazu die von Ducange gesammelten Stellen im Abdruck bei Schopen, Ausgabe der Alexias 2, 549) eindeutig klargestellt (vgl. auch Bickermann, Sur la version vieux-russe de Flavius-Josèphe, Mélanges F. Cumont, Brüssel 1936, 53ff., dessen Deutung der 'Lateiner' auf die Deutschen des mittelalterlichen Reiches aber nicht überzeugend ist). Allgemein zur Romfeindschaft der Byzantiner F. Dölger, Rom in der Gedankenwelt der Byzantiner, Zeitschr. f. Kirchengeschichte 56, 1937, 1ff., der jedoch die Zusätze zum Josephus nicht erwähnt.

78. Zu S. 21 Z. 24: Vgl. Arturo Graf, Roma nella memoria e nelle immaginazioni del medio evo, Turin 1881/2, Kap. 20 (Neudruck Turin 1915, 679ff.). Ad. v. Harnack, Die Mission und Ausbreitung des Christentums in den ersten drei Jahrhunderten 1[4], Leipzig 1923, 274ff. Margarete Bolwin, Die christl. Vorstellungen vom Weltberuf der Roma aeterna bis auf Leo d. Gr., Diss. Münster 1923 (ungedruckt). Fuchs (oben Anm. 20) 163 Anm. 2. Klingner, Rom als Idee, Die Antike 3, 1927, 17ff. Elisabeth Pfeil, Die fränkische und die deutsche Romidee des frühen Mittelalters, München 1929, 25ff. Percy E. Schramm, Kaiser, Rom und Renovatio, Leipzig 1929, 28ff. Rehm (oben Anm. 58) 20ff. — Natürlich hat es auch in der jüdischen Welt nicht nur die Feindschaft gegen Rom gegeben. In den Synagogen wurde für den Kaiser und den Staat gebetet (Schürer [oben Anm. 77 S. 64] 2, 360ff. Bousset-Greßmann [oben Anm. 17] 431. Krauß, MT [oben Anm. 77 S. 68] S. 90), und manchen Juden vor allem in der Zerstreuung wird es möglich gewesen sein, zu einem vollen Ausgleich mit dem Reiche zu gelangen, dessen Glanz so viele schon bezaubert hatte. Aber mochte solche Staatstreue sich gelegentlich sogar in schriftstellerischen Leistungen bekunden (z. B. Orac. Sibyll. Buch 11, bes. 109ff. 144ff. [Anfg. d. 3. Jhdts.; Rzach <oben Anm. 17> 2155] und Buch 12, bes. 120ff. 163ff. [gegen 8, 52ff.]. 188ff. 229 nach 224ff. [3. Jhdt.; Rzach 2155ff.; vgl. Geffcken, Komposition usw. <oben Anm. 18> 56f.] sowie Buch 14, bes. 29ff. u. 48, 105ff. u. 130ff., 165ff. u. 208ff., 259f. u. 277ff. [4. Jhdt.; Rzach 2164. Geffcken 67]; vgl. auch 5, 46ff. [vor 130 n. Chr.; richtig Rzach 2135]), so ist eine tiefere Rechtfertigung des Reiches, wie sie das Christentum entwickelt hat, dem jüdischen Denken doch immer fremd gewesen. Man schritt nicht weiter vor als bis zu dem Bewußtsein, daß in dem Wohl des Reiches auch das eigene Wohl beschlossen sei, da ohne die von der Staatsgewalt ausgehende Furcht »einer den andern lebendig verschlingen« würde (Pirke Aboth 3, 2 [Bousset-Greßmann a. O.]; vgl. MT Nr. 77; die gleiche Rechtfertigung der römischen Herrschaft auch bei den Römern selbst [Cicero, Ad Quint. fratr. 1, 1, 34. Tac., Hist. 4, 74], vgl. Fuchs 197 Anm. 1 u. 2). Aber selbst diese Anschauung ist nicht etwa für das Judentum als ganzes kennzeichnend.

79. Zu S. 21 Z. 34: Daß Rom in der Offenbarung des Johannes mit dem Namen Babylon belegt wird (14, 8; 16, 19; 17, 5; 18, 2. 10. 21), geht auf jüdische Gepflogenheit zurück (s. oben Anm. 77 S. 64f. 67. 69); wie gebräuchlich diese Benennung im frühen Christentum gewesen ist, ergibt sich aus 1. Petr. 5, 13 (wichtig gerade angesichts von 2, 13ff.). Die spätere Zeit übernimmt den Namen aus der johanneischen Offenbarung. Nach ihrem Vorbild wird er gerne in Unheilsverkündigungen, die gegen Rom gerichtet sind, verwendet. Außer der gleich im Text anzuführenden Stelle aus Hippolytos De antichristo (oben S. 22; vgl. auch In Dan. 2, 27, 9, GCS 1, 1 S. 92, 15ff.) kommen hier in Betracht 6. Esra (vgl. unten Anm. 83) 15, 43 *nubes magnae et validae plenae irae ... transibunt constantes usque ab Babylonem et exterent eam* (vgl. 60) ... 46 *et tu, Asia, concors in spem Babylonis, .. vae tibi* ... 16, 1 *vae tibi, Babylon et Asia;* Commodian, Instruct. 1, 41, 12 *tunc Babillon meretrix <erit> incinefacta favilla;* 'Εσχάτη ὅρασις τοῦ Δανιήλ bei Vassiliev, Anecdota Graeco-Byzantina 1, Moskau 1893, 47 (aufgrund einer älteren Weissagung wohl vom Anfang des 6. Jhdts.; vgl. Bousset, Antichrist [oben Anm. 19] 41ff.) οὐαί σοι, ἑπτάλοφε Βαβυλών, ὅταν χήρα βασιλεύσῃ ἐπί σοι. Aber auch jede andere Art der Abneigung gegen Rom vermag sich der apokalyptischen Bezeichnung zu bedienen. So erinnert Hieronymus in dem Briefe, mit welchem er Marcella auffordert, nach Bethlehem zu kommen, an jenen Namen

Babylon wie an die weiteren Worte, mit denen Rom in der Offenbarung des Johannes geschildert wird (s. oben Anm. 67; dazu auch Epist. 108, 31, CSEL 55 S. 349; irreführend Ferd. Gregorovius, Geschichte der Stadt Rom im Mittelalter 1, Stuttgart 1859, 75 in der Wiedergabe des Briefes an Laeta, Epist. 107, 1, CSEL 55 S. 291, sowie Gaston Boissier, La fin du paganisme 2, Buch 6 Kap. 2 Abschnitt 1 Ende), und Paulinus von Nola setzt sowohl seiner eigenen Stadt (Epist. 47, CSEL 29 S. 389) wie vor allem der *filia Sion Jerusalem* die *filia Babylonis* (Jes. 47, 1) entgegen, in der die fromme Melania sich aufhält, begleitet von seinem Wunsche, *ut tam insignis anima plus Romae conferat quam de Roma trahat et sic sedeat supra flumina Babylonis, ut recordetur Sion et organo corporis sui suspenso* (Ps. 136, 1) *ab omnibus inimicae* (*ab inimicae omnibus* codd., transposui) *Babylonis insidiis et inlecebris in sui propositi tenore velut in salicibus genuino semper umore viventibus constituta virere non desinat* (Epist. 29, S. 261). In der Mitte des 11. Jahrhunderts gebraucht der Kardinal Humbert in einer scharfen Gegenüberstellung das Scheltwort der Offenbarung noch einmal für das heidnische im Gegensatz zum christlichen Rom (bei Schramm [oben Anm. 78] 2, 131). — Ohne Bezugnahme auf die Offenbarung des Johannes nennt Augustin in seiner Civitas Dei Rom eine *altera* oder *occidentalis Babylon* (16, 17; 18, 2. 22. 27; vgl. 19, 24), wie umgekehrt auch Babylon bei ihm eine *prima Roma* heißt (18, 2). Die Namen erklären sich daraus, daß ihm nach der Chronik des Hieronymus die Geschichte Roms an dem Zeitpunkt zu beginnen schien, da Assyrien, als dessen Hauptstadt er Babylon ansah, zugrunde ging (18, 21. 27; ebenso Orosius 2, 2 und 7, 2; es handelt sich um die Jahre Abrahams 1197 und 1198 [= 820 und 819 v. Chr.]; vgl. Carl Frick, Die Quellen Augustins im 18. Buche seiner Schrift De Civitate Dei, Progr. Höxter 1886, 53f.). Das römische Weltreich schien also unmittelbar das assyrische fortzusetzen und Rom die Nachfolgerin Babylons zu sein. Hinzu kam, daß beide Reiche auch innerlich übereinstimmten, insofern sie als machtwillige irdische Gebilde im Gegensatze zum Gottesreiche standen.

80. Zu S. 21 Z. 37: Die Verbindung des Reiches mit dem Satan Offenb. Joh. 13, 2. 4 scheint eine selbständige Leistung des christlichen Verfassers zu sein; vgl. Weiß (oben Anm. 74) 84f. 140.

81. Zu S. 22 Z. 2: Ausdrückliche Zeugnisse für diese Tatsache, die freilich auch ohne schriftliche Belege behauptet werden dürfte, liegen vor im 8. Sibyllinen- und 6. Esrabuch (s. unten Anm. 83), bei Commodian, Carm. apolog. 823ff. (dazu Martin [oben Anm. 19] 121 Anm. 7); Instruct. 1, 41 sowie in des Hippolytos Schrift über den Antichrist, c. 29ff., GCS 1, 2 S. 19, 16ff., wo c. 36—42 die beiden Kapitel 17 und 18 der Offenbarung des Johannes wörtlich ausgeschrieben sind. Allerdings hat es in der Verwertung der johanneischen Offenbarungsschrift schon früh Unterschiede gegeben. Neben den heftigeren Naturen, die in den Drohungen gegen Rom stets neue Nahrung für ihre Hoffnungen und ihren Widerstand gewannen, gab es gemäßigte Christen, die auch die schärfsten Stellen leidenschaftslos zu lesen vermochten (bezeichnend Irenäus, Contr. haeres. 5, 26, 1, Migne 7 Sp. 1192). Unter denen, die dem bestehenden Staate gegenüber unversöhnlich waren, ist Hippolytos ein immer noch zurückhaltender und zur Vernunft mahnender Wortführer gewesen (vgl. Karl Joh. Neumann, Hippolytus von Rom in seiner Stellung zu Staat und Welt, Leipzig 1902; dazu auch Bauer in der Einleitung zur Chronik des Hippolytos, GCS 36,

3f.). Jedoch spricht er sich in allen grundsätzlichen Fragen deutlich genug aus. Hatte sein Lehrer Irenäus von der Erregtheit der ersten Kämpfe bereits so viel Abstand gewonnen, daß er die beiden bösen Tiere des 13. Kapitels der Offenbarung (vgl. Anm. 74), ohne noch nachhaltiger an das Reich zu denken, auf den Antichrist und dessen Propheten umzudeuten vermochte (Contr. haeres. 5, 28, 2, Migne 7 Sp. 1198f.; Neumann 56f.; vgl. auch 5, 24 mit Neumann 54), so versteht Hippolytos das erste Tier, das Johannes aus dem Meere emporkommen sah (Apok. 13, 1 ff.), nicht nur wieder richtig als das Römische Reich (De antichr. 49, S. 31, 25 ff. Neumann 27), sondern er steigert die Furchtbarkeit seines Wesens noch dadurch, daß er das zweite Tier, das jenem Anbetung verschafft (Apok. 13, 11 ff.), als den Antichrist selbst ansieht (a. O. 49, S. 31, 19 ff. Neumann 31 f.), dem er überdies in Aufnahme einer alten romfeindlichen Enträtselung der geheimnisvollen Zahl 666 (Apok. 13, 17f.) den Namen Lateinos zuschreibt (a. O. 50, S. 34, 3 ff.; Neumann 34f.; die Erklärung der Zahl schon bei Irenäus 5, 30, 3, Migne 7 Sp. 1206, der ihr aber kein besonderes Gewicht beilegt [Neumann 56]; Anerkennung des Namens offenbar bei Commodian, Instruct. 1, 41, 13, CSEL 15 S. 54, wo doch wohl in dem *victor Latinus* [= V. 5 *ille*] der eigentliche Antichrist von dem Vorläufer Nero unterschieden wird und ein Widerspruch zu Carm. apolog. 823 ff., bes. 927 ff. nicht besteht [überzeugend in diesem Punkte Heinr. Brewer, Kommodian von Gaza, ein arelatens. Laiendichter aus der Mitte des 5. Jhdts., Forsch. z. christl. Liter.- u. Dogmengeschichte hgb. v. Ehrhardt-Kirsch 6, 1/2, Paderborn 1906, 268, nicht widerlegt von Martin a. O. 119f.]). So steht für Hippolytos das Reich in engster Verbindung mit dem Antichrist, der, wenn er am Ende der Tage seine Herrschaft aufrichtet, den zerfallenen römischen Staat erneuert (a. O. 49, S. 32, 6 ff.), sich zur Mehrung seines Ansehens in Befehlen und Anordnungen nach dem Gesetze des Augustus richtet (a. O. 49, S. 32, 3 ff.) und in derselben Weise, wie es schon in der Gegenwart geschieht, den Reichs- und Herrscherkult durch Drohung mit dem Tode erzwingt (a. O. 49, S. 32, 9 ff.; 58, S. 39, 3 ff.; In Dan. 4, 50, 3 ff., GCS 1, 1 S. 316, 7 ff. Neumann 32f. 39. 58f. 64f. 85. 89). In seiner Abwehr gegen die Ansprüche des Reiches läßt Hippolytos sich aber noch über jene Deutung der Schriftstellen hinaus zu einer eigentümlichen Erklärung der geschichtlichen Tatsachen führen. Das Zusammentreffen zwischen der Begründung des Kaiserreiches durch Augustus und dem Beginn des Reiches Jesu war von manchen Christen, die sich um eine Verständigung mit der weltlichen Macht bemühten, als planvolle Fügung Gottes betrachtet worden, nach der die beiden Reiche zum Wohl der Menschheit miteinander verbunden seien (Melito bei Euseb., Hist. eccl. 4, 26, 7 ff.; zuletzt dazu Erik Peterson, Der Monotheismus als politisches Problem, Leipzig 1935, 70f.). Demgegenüber behauptet Hippolytos mit erstaunlicher Kühnheit, daß hier vielmehr ein Werk des Satans vorliege, der zu der weltumfassenden christlichen Botschaft in dem irdischen Weltreiche ein nachahmendes Gegenstück geschaffen habe (Peterson 69f.). In Dan. 4, 9, 2. 3, GCS 1, 1 S. 206, 10 ff.: »Da im 42. Jahre unter dem Kaiser Augustus der Herr geboren wurde, von dem an das Reich der Römer zur Blüte kam, und da durch die Apostel der Herr alle Völker und alle Zungen berief und ein Volk schuf von gläubigen Christen, die ihren eigentlichen 'neuen Namen' (Apok. 2, 17) im Herzen tragen, ging in derselben Weise das Reich dieser Zeit vor, das da herrscht 'nach der Kraftwirkung des Satans' (2. Thess. 2, 9), und in gleicher Art sammelt auch dieses aus allen Völkern die Edelsten und rüstet sie zum Krieg unter dem Namen von 'Römern'. Und deshalb auch fand die erste Schatzung unter Augustus statt, als der Herr in Bethlehem geboren wurde, damit die Menschen dieser Welt dem irdischen König geschatzt und Römer genannt würden, die an den himmlischen König Glaubenden aber Christen hießen, das Zeichen des Sieges über den Tod auf der Stirn tragend.« Die fast unbegreifliche Behauptung, in der die altchristliche Vorstellung von der verfälschend nachgestaltenden Tätigkeit der Dämonen in den Dienst einer grundsätzlichen Feindschaft gegen Rom getreten ist, scheint selbst für ihre Zeit zu kraß gewesen zu sein. Sie ist, soweit sich sehen läßt, von niemandem übernommen worden. — Gegebenen Gedanken folgt Hippolytos, wo er Aussagen des Danielbuches auf Rom bezieht. Von den vier Tieren, die Daniel c. 7 aus dem Meere hatte emporsteigen sehen, ist das letzte, das »furchtbare, schreckliche und überaus starke, das eiserne Zähne und eherne Klauen hatte und fraß und zermalmte«, im Einklange mit der gleichzeitigen jüdischen Auslegung (oben Anm. 77 S. 63f. 69. 72) schon im Barnabasbriefe (4, 5) als das Römische Reich verstanden worden. Dieselbe Erklärung bietet, mit Irenäus (Contr. haeres. 5, 26, 1) übereinstimmend, Hippolytos De antichr. 25, S. 17, 15ff.; 28, S. 19, 10f.; 33, S. 21, 15ff.; In Dan. 4, 5, 1f., S. 196, 1ff.; 4, 7, 4, S. 202, 1ff.; 4, 13, 2ff., S. 218, 15ff. (vgl. Neumann 23f. 27. 67ff.). Ebenso geht Hippolytos mit Irenäus (a. O.) zusammen, wenn er die Deutung des 2. Kapitels des Danielbuches mit der des 7. Kapitels verbindet und in entsprechender Weise an dem dort geschilderten 'Koloß auf tönernen Füßen' die eisernen Schienbeine auf das Römische Reich bezieht (De antichr. 25, S. 17, 17f.; 28, S. 19, 10; In Dan. 2, 12, 6, S. 68, 4ff.; 4, 7, 4, S. 200, 1ff.). Spätere Zeiten haben es bekanntlich verstanden, die alte romfeindliche Deutung des Danielbuches zu übernehmen, ohne ihren ursprünglichen Sinn noch für sich wirksam sein zu lassen.

82. Zu S. 22 Z. 5: Als ältesten Beleg für diese Vorstellung glaubt man wohl mit Recht die dunkle Aussage 2. Thessal. 2, 3ff. in Anspruch nehmen zu dürfen: »Zuerst muß der Abfall kommen und der Mensch des Frevels hervortreten, der Sohn des Verderbens, der Widersacher (ὁ ἀντικείμενος), der sich erhebt über alles, was Gott oder Heiligtum heißt, und sich in den Tempel Gottes setzt und von sich ausgibt, er sei Gott ... Ihr kennt das, was ihn aufhält (τὸ κατέχον), bis er hervortritt zu seiner Zeit. Denn insgeheim ist der Frevel bereits am Werke, nur muß zuerst der, der ihn aufhält (ὁ κατέχων), aus dem Wege sein.« Die Kirchenväter werden die Stelle richtig verstanden haben, wenn sie mit dem κατέχων das Römische Reich bezeichnet fanden (ablehnend zuletzt Hanse im Theolog. Wörterbuch zum Neuen Testament hgb. von G. Kittel 2, 831f. s. v. κατέχω). Zu erschließen ist diese Auslegung schon für Irenäus (Neumann, Hippolytus [oben Anm. 81] 57 unter Bezugnahme auf Iren., Contr. haeres. 5, 25ff.), schriftlich vorgetragen ist sie von den Späteren (z. B. Hippol., In Dan. 4, 21, 3, GCS 1, 1 S. 238, 8ff. [dazu Neumann a. O. 46f.]. Johannes Chrysostomos, In epist. II ad Thessalon. c. 2 hom. 4, Migne 62 Sp. 485 [vgl. Cyrill v. Jerusalem, Kateches. 15, 9ff., Migne 33 Sp. 879ff.]. Tertullian, De carn. resurr. 24, CSEL 47 S. 60. Hieronymus, Epist. 121, 11, CSEL 56 S. 53; Comm. in Ierem.

zu 25, 26, CSEL 59 S. 312 [vgl. die besorgten Worte Epist. 123, 15, CSEL 56 S. 91]. Augustin, Civ. Dei 20, 19, Bd. 2 S. 450, 14ff. Domb.; mehr bei Bousset, Antichrist [oben Anm. 19] 78 Anm. 3). Ohne Zusammenhang mit der Stelle aus dem Thessalonicherbriefe findet sich dieselbe Würdigung des Reiches bei Tertullian, Apolog. 32, 1, Bd. 1 S. 236 Oehl. *est ... necessitas nobis orandi pro imperatoribus et ita pro statu imperii rebusque Romanis, qui vim maximam universo orbi imminentem ipsamque clausulam saeculi ... Romani imperii commeatu scimus retardari. itaque nolumus experiri, et dum precamur differri, Romanae diuturnitati favemus;* Ad Scapul. 2, Bd. 1 S. 541 Oehl. *Christianus nullius est hostis, nedum imperatoris, quem sciens a deo suo constitui necesse est ut et ipsum diligat .. et salvum velit cum toto Romano imperio, quousque saeculum stabit: tamdiu enim stabit.* Laktanz, Div. Inst. 7, 25, 6ff., CSEL 19 S. 664f. *res ipsa declarat lapsum ruinamque rerum brevi fore, nisi quod incolumi urbe Roma nihil istiusmodi videtur esse metuendum .... illa est civitas quae adhuc sustentat omnia, precandusque nobis et adorandus est deus caeli .., ne citius quam putamus tyrannus ille abominabilis veniat, qui tantum facinus moliatur ac lumen illud effodiat, cuius interitu mundus ipse lapsurus est.* Vgl. auch Hippolyt., In Dan. 4, 5, 4, S. 196, 14ff.; 4, 12, 2, S. 214, 18ff. S. auch Bousset a. O. 77ff. Bolwin (oben Anm. 78) 56ff. (nicht ohne Irrtümer).

83. Zu S. 22 Z. 25: Hippolytos, De antichr. 34ff., GCS 1, 2 S. 21, 20ff. Die Jesajastelle (47, 1ff.) ist oben im Text nach dem von Hippolytos angeführten Wortlaut der Septuaginta gekürzt wiedergegeben. Auch in der jüdischen Welt hat man die Stelle auf Rom bezogen, s. oben Anm. 77 S. 67 und SB (oben Anm. 77 S. 68) 3, 816: »Gott wird (zu dem frevlerischen Römischen Reiche) sagen: „Bei deinem Leben, über dich werde ich zu Gericht sitzen und dich richten und für schuldig erklären, wie es heißt: 'Steig herab und setze dich in den Staub, du Jungfrau Tochter Babel; setze dich zur Erde nieder ohne Thron, Chaldäertochter'". Er nennt Edom (s. oben Anm. 77 S. 69) 'Tochter Babel' und 'Chaldäertochter'. Was bedeutet 'Tochter Babel'? Zwillingsschwester Babels: „Wie Babel mein Haus zerstört hat, so hat auch diese mein Haus zerstört. Deshalb, Tochter Babel, setze dich zur Erde nieder ohne Thron".« — Wenn Hippolytos sich damit begnügt, die innersten seiner Gefühle gegen Rom durch die Wiedergabe früherer Weissagungen zum Ausdruck zu bringen (vgl. auch oben Anm. 81), so haben andere Christen seines Zeitalters, was sie an Haß gegenüber dem Reiche empfanden, mit eigenen Worten zu sagen und wirksam zu machen versucht. Nicht allzu große Bedeutung freilich besitzt der kurze Spruch in dem christlichen 7. Sibyllinenbuche (7, 108ff.; 2./3. Jhdt.; Rzach [oben Anm. 17] 2142. Geffcken, Komposition usw. [oben Anm. 18] 36), dem dort zahlreiche gleichartige Unheilsrufe gegen die verschiedensten Städte und Länder zur Seite stehen und der gerade nur so viel erkennen läßt, daß der Verfasser sich von jeglicher Bindung an Rom frei wußte: »108 Starkmutiges Rom, nach der makedonischen Lanze 109 wirst du zum Olymp emporstrahlen. Gott aber wird dich gänzlich verschollen 110 sein lassen, wenn du meinst, einen weit mächtigeren Anblick 111 unerschüttert zu bestehen. Dann werde ich dir solches zurufen. 112 Im Untergehen wirst du schreien, die du einst glanzvoll strahltest. 113 Wieder und immer wieder, Rom, will ich dir dieses zurufen« (Übersetzung im Anschluß an Geffcken bei Ed. Hennecke, Neutestamentl. Apokryphen², Tübingen 1924, 414, der in V. 110f. seine frühere Fehldeutung selbst berichtigt hat). Ganz dagegen von tiefster Feindschaft gegen das Reich beherrscht ist der erste Teil des 8. Sibyllinenbuches, der sich in der überwiegenden Anzahl seiner Verse eindeutig auf das letzte Drittel des 2. Jahrhunderts bestimmen läßt (Geffcken, Komposition usw. 39ff.; die christliche Herkunft zu Unrecht geleugnet von Rzach 2144, der die übernommenen neutestamentlichen Worte und Redewendungen unbegreiflicherweise nicht erkannt zu haben scheint [1 ~ 1. Thess. 1, 10; 27 ~ Hebr. 13, 4; 86. 105. 125 ~ Matth. 8, 12 u. ö. Luk. 13, 24; 88 ~ Apok. 12, 3; 91 ~ Apok. 1, 3; 22, 10; 92 ~ Ev. Joh. 12, 31. Apok. 14, 7; 98 ~ Hiob 1, 21 + Apok. 17, 16, ferner Ev. Joh. 5, 24; 102 ~ Apok. 18, 8; 19, 20; 20, 10; 21, 8; 103 ~ Apok. 19, 3; einiges schon bei Geffcken in seiner Ausgabe und, dort nicht berücksichtigt, bei Zahn, Apokalypt. Studien, Zeitschr. f. kirchl. Wissensch. u. kirchl. Leben 7, 1886, 82f.]; Übersetzung des 8. Buches durch Geffcken bei Hennecke 403ff. [im folgenden benutzt]). Die Sibylle sieht in der Reihe der Machtstaaten, die der babylonischen Sprachverwirrung folgen werden, als fünften und letzten den der Italer voraus, von dem sie sogleich — sehr im Gegensatz zu der Selbsteinschätzung der Römer (oben Anm. 9) — erklärt, daß er gesetzlos sei (9 ἄθεσμος; vgl. 5, 177 [oben Anm. 77 S. 67]), und von dem sie ferner meldet, daß er viel Unglück über die Menschen bringen und in jedem Lande »der Männer Mühen verzehren« werde (10f.) sowie daß er unbezwungene Könige zum Westen führe, den Völkern Satzungen gebe und alles sich unterwerfen werde (12f.; 13 der Ausdruck θεσμοὺς τιθέναι, aus 5, 19 übernommen, wie *iura dare* im Lateinischen [Fuchs ⟨oben Anm. 20⟩ 194 Anm. 1]). Auf ein längeres Zwischenstück über die Habsucht (17—36), das ursprünglich selbständig gewesen sein muß (Rzach 2142) und offenbar nicht ohne Grund an jene Schilderung der römischen Herrschaft angefügt ist, folgt V. 37ff. eine kräftige Drohrede gegen Rom, in der die jüdischen Schmähungen des 5. Sibyllinenbuches (oben Anm. 77 S. 67) aus verwandter Stimmung heraus wiederholt und neu gestaltet sind. »37 Kommen wird einst dir von oben, hochnackiges Rom, 38 der gebührende himmlische Schlag, und beugen wirst du deinen Nacken zuerst 39 und vom Boden vertilgt werden, und Feuer wird dich gänzlich fressen, 40 wenn du hingestreckt bist auf deinem Boden, und der Reichtum wird zugrunde gehen (= 2, 18), 41 und deine Grundmauern werden Wölfe und Füchse bewohnen. 42 Dann wirst du völlig verlassen sein, als ob du nie gewesen wärest (= 3, 310 + 5, 163. 342). 43 Wo ist dann das Palladium (vgl. 5, 395f.)? Was für ein Gott wird dich retten, 44 ein goldener oder steinerner oder eherner (vgl. 5, 83)? Oder wo sind dir dann (= 5, 67) 45 die Beschlüsse des Senates? Wo der Rhea oder des Kronos 46 oder des Zeus Geschlecht und aller, die du verehrtest ...« An die allgemeine Unheilsverkündigung schließen sich bestimmte Mitteilungen über den Zeitpunkt der Vernichtung an. Ein erster Abschnitt, der wiederum mit überliefertem Versgut arbeitet, dieses Mal aber eine kaiserfreundliche Schilderung in ihr Gegenteil verkehrt (8, 50ff. nach 5, 47ff. vom Ende des selbständigen Stückes 5, 1—50, seinerseits wieder in entgegengesetztem Sinne benutzt 12, 163ff.; vgl. oben Anm. 78), spricht von dem Verderben, das nach dem Tode des Kaisers mit dem Meeresnamen, des weltdurchwandernden, geldgierigen und religiös verirrten Hadrian, über das Reich kommen wird. »59 Jämmerlich wird dann die Zeit sein, wenn Jammermann selbst zu Grunde gehen wird (αἴλινος ἔκτοτε καιρός, ὅτ' Αἴλινος [= Aelius] αὐτὸς ὀλεῖται). 60 Und einst wird das Volk sagen: 'Deine große Kraft, Stadt, wird dahinsinken', 61 geradeswegs wissend um den künftig nahenden Unheilstag. 62 Und dann werden gemeinsam klagen in Voraussicht deines erbärmlichen Geschickes Väter und unmündige Kinder. 64 Mit Jammerrufen werden sie traurig klagen an des Tibers Ufern.« Die folgenden Verse (65ff.) führen unmittelbar an das Ende des Reiches heran. Noch drei Kaiser werden angekündigt (= Antoninus Pius, Marc Aurel, Aelius Verus), deren einer alle Schätze der Welt in seinem Palaste einschließen werde, freilich zu keinem anderen Zwecke, als um sie in den letzten Tagen, wenn der flüchtige Muttermörder Nero zurückkehrt (vgl. oben Anm. 19 S. 34f.), herauszugeben und den großen Reichtum an Asien zurückgelangen zu lassen (vgl. oben Anm. 20. 76. 77 S. 66f. 72f.). Die Vernichtung des Reiches, das mit dem ganzen Ruhme seiner Legionen doch wehrlos dem Verderben ausgeliefert sein wird (78ff.), erweitert sich zum allgemeinen Weltuntergange. Wenn das große Gericht kommt, die Städte fallen und die Erde sich auftut, wird Zähneklappen, Zerstreuung und Gefangenschaft Roms Schicksal sein (86f.). Das Nahen des Gerichtstages aber wird angekündigt durch das Erscheinen des roten Drachen, von dem das 12. Kapitel der johanneischen Offenbarung gesprochen hatte, der mit vollgefülltem Bauche auf den Wogen des Meeres herankommt (ἐπὶ κύμασιν, vgl. 8, 348; 2, 210; die Vorstellung wohl nach Apok. 13, 1 [befremdend Geffckens Übersetzung ⟨s. oben S. 79⟩ mit der Erklärung in Henneckes Handbuch ⟨oben Anm. 19⟩ 344]) und die 'Kinder Roms' bedrängt (θλίψῃ wohl richtig statt θρέψει), während Hungersnot und Bürgerkrieg herrschen. Nicht habe das italische Land, das barbarische Volk daran gedacht, daß es sich ebenfalls werde zum Gericht stellen müssen und daß es nackt an denselben Ort zurückkehren werde, von dem es einst nackt und unwürdig zum Sonnenlicht gekommen sei (96ff. nach Hiob 1, 21 und Apok. 17, 16). Von seiner Höhe werde es herabsteigen und unter der Erde wohnen müssen (101; vgl. 5, 178 [oben Anm. 77 S. 67]). Mit Naphtha, Asphalt, Schwefel und vielem Feuer solle es vernichtet werden (Apok. 18, 8; 19, 20) und in Ewigkeiten brennender Staub sein (vgl. Apok. 19, 3). »Und jeder, der da lebt, wird das große Klagegebrüll aus dem Hades hören und das Zähneklappen« (104f.). Einzelheiten dieses Gesamtbildes vom Untergange Roms werden später noch einmal aufgegriffen und näher ausgeführt. V. 126ff. wird der Vergeltungsgedanke, der sich schon in V. 72 (s. oben) kurz geäußert hatte, mit verstärktem Nachdruck erneut vorgetragen. »Nicht mehr wird unter dein Sklavenjoch den Nacken legen der Syrer, der Grieche, der Barbar oder ein anderes Volk. Ganz zerstört wirst du werden und von dir wird wieder eingetrieben, was du eingetrieben hast, und geben wirst du es seufzend vor Furcht, bis du alles bezahlt hast, und ein Triumph wirst du sein für die Welt und von allen beschimpft werden.« Darauf folgt, getrennt durch einige Verse, die vermutlich aus einer rom- und kaiserfreundlichen Weissagung eingeschoben sind (131—138; Geffcken Komposition usw. 39), eine Darstellung der Rückkehr Neros und ihrer Wirkungen (139ff.), die nunmehr mit allen Einzelzügen der entwickelten Legende (vgl. oben Anm. 19 S. 34f.) in breiter Schilderung vor Augen führt, was in V. 70f. nur mit wenigen Worten angedeutet war. Wenn Nero kommt, um Heiden und Juden niederzuwerfen (140f. πορθήσων λαῶν γένος, ἄκριτα φῦλα, 'Εβραίων ⟨τ' addidi⟩ ἔθνος), »141 dann wird Ares den Ares (das heißt: ein Heer das andere, vgl. 13, 35f.) ausplündern, 142 der Römer waffentrotziges Drohen wird er selbst vernichten. 143 Zugrunde nämlich ging der Römer Herrschaft (zum Zeitwechsel vgl. etwa 5, 150ff. 394ff., bes. 414ff.; s. auch Apok. 18, 9ff. [oben Anm. 76]), die damals blühte, 144 die alte Herrin über viele Nachbarn. Nicht mehr wird siegen das Land der üppig sprossenden Roma, wenn aus Asien mächtig er herankommt mit Ares.« In Übereinstimmung mit der Schilderung, die Commodian am Ende seines Carmen apologeticum bietet (823ff., vgl. Instruct. 1, 41 [dazu oben Anm. 81 S. 76]; Geffcken, Nerosage [oben Anm. 77 S. 68] 458ff. [in den Einzelheiten nicht befriedigend]), das heißt also in Nachfolge einer geformt vorliegenden älteren Überlieferung, wird weiter ein Bericht gegeben, der mit verhüllenden und verunklärenden, aber eben durch Commodians Hilfe wohl noch deutbaren Worten zu besagen scheint, daß nach der Wiederkunft des Propheten Elias (vgl. Alexandre [oben Anm. 19 S. 34] Exk. 6, Kap. 17 'De Eliae adventu' 513f.), der die Toten zu erwecken versteht, Nero im Verein mit zwei Genossen unter furchtbarem Unheil nach Rom ziehen wird, dort den Senat beruft und den allgemeinen Widerstand gegen die göttlichen Mächte betreibt (169ff., davor 151—159. 160—168 zwei eingeschobene Stücke; Geffcken, Nerosage 444f.). Diese letzte Herrschaft Neros soll begleitet sein von wunderbaren und mehr noch von verderblichen Naturereignissen (178ff.), an die sich sodann der bald darauf einsetzende Weltuntergang mit dem ihm folgenden Endgericht anschließen wird (190—216, Fortsetzung wohl 337—356: Geffcken, Komposition usw. 41; V. 190ff. ohne geradlinig fortschreitenden Gedankengang, unglücklich behandelt von Jeanmaire, Le règne de la femme et le rajeunissement du monde, Mélanges F. Cumont, Brüssel 1936, 297ff. im Anschluß an den oben Anm. 20 erwähnten Aufsatz von Tarn; zu V. 215 vgl. 2, 157; 5, 300 sowie das ägyptische Töpferorakel 2, 11 [Reitzenstein-Schaeder ⟨oben Anm. 19⟩ 42 Anm. 1]; vor 190ff. die Verse 182ff. wohl »ein versprengtes Fragment«: Geffcken in Henneckes Handbuch [oben Anm. 19] 345). Der Zeitpunkt für die Vernichtung Roms aber, der zuvor in V. 65ff. mit weiterem Spielraum angedeutet war, wird nun (148ff.) genau auf das 948. Jahr der Stadt bestimmt (= 195 n. Chr.; vgl. Alexandre a. O. Exk. 6, Kap. 14 'De fine imperii Romani' 485f.); es ist das Jahr, das der Name Roms nach den Zahlwerten seiner Buchstaben selber in sich trägt (dazu vgl. Franz Dornseiff, Das Alphabet in Mystik und Magie, Leipzig 1922, 113ff.). — Die christlichen Erwartungen vom Ende des Reiches und der Welt, die so in den Sibyllinischen Orakeln ungeordnet und grobschlächtig vorgetragen werden, haben, wie es scheint, ihre ausdrucksvollste Formung in dem 6. Esrabuche empfangen (= 4. Esdr. c. 15 u. 16 der Vulgata [The fourth book of Ezra ed. Bensly, Texts and Studies hgb. v. Robinson 3, 2, Cambridge 1895, 72ff. 87ff.]; deutsche Übersetzung von Weinel bei Hennecke, Apokryphen [oben S. 78] 394ff. [im folgenden benutzt]; dazu Weinel in Henneckes Handbuch [oben Anm. 19] 336ff., der jedoch zum Schaden auch der Übersetzung die zahlreichen Bibelzitate ganz übersehen zu haben scheint). Der Verfasser, dessen Zeit nicht näher zu bestimmen ist, der aber dem Geschlechte des Hippolytos und der Sibyllinisten nicht fern stehen dürfte, schildert mit Worten, die gerade auch in den Sibyllinischen Orakeln (im folgenden = OS) manche Entsprechungen haben, wie demnächst, nach einer kurz zuvor erlebten Christenverfolgung, das Strafgericht über die Welt hereinbrechen wird. Von der Kraft seiner Empfindung und der Wucht seiner Sprache läßt sich noch aus der unbeholfenen lateinischen Übersetzung, die alleine zur Verfügung steht, eine Vorstellung gewinnen. »15, 5 'Siehe, ich führe Unheil herauf (atl.) über den Erdkreis', spricht der Herr, 'Schwert und Hunger und Tod und Vernichtung (vgl. Hesek. 14, 21. Sir. 40, 9. OS 3, 316f.), 6 weil Ungerechtigkeit die ganze Erde bedeckt hat und ihre verderblichen Werke (= βλαβερὰ ἔργα?) voll sind'. 7 Darum spricht der Herr: 8 'Nicht mehr will ich zu ihren Schandtaten schweigen, die sie ohne Scheu begehen, noch will ich still sein (ἀνήσω) bei dem, was sie böse vollführen (vgl. Jes. 62, 1). Siehe, unschuldiges und gerechtes Blut (αἷμα ἀναίτιον atl.) schreit zu mir (Gen. 4, 10; vgl. OS 3, 313), und die Seelen der Gerechten (Weish. Salom. 3, 1. Dan. 3, 86) schreien beständig. 9 Rächend will ich ihnen Vergeltung schaffen (ἐκδικῶν ἐκδικήσω Sir. 5, 3; vgl. Deut. 32, 43. Apok. 6, 10; 19, 2)', spricht der Herr, 'und alles unschuldige Blut will ich von ihnen zu mir nehmen' .... 14 Wehe der Welt (Matth. 18, 7) und allen, die in ihr wohnen (Apok. 8, 13). 15 Denn nahe ist (ntl.) das Schwert und ihre Vernichtung. Und erheben wird sich ein Volk wider das andere (Marc. 13, 8) zur Schlacht, und das Schwert ⟨wird⟩ in ihren Händen ⟨sein⟩ (vgl. Ps. 149, 6) ... 20 'Siehe, ich rufe zusammen', spricht der Herr, 'alle Könige der Erde, aufzustören die, welche von Norden (*a borea*) und von Süden, von Osten und von Westen (ἀπὸ λιβός) kommen, daß sie sich gegeneinanderkehren und sich selbst zufügen (ἀποδιδόναι, vgl. Apok. 18, 6), was sie jenen zugefügt haben. 21 So wie sie bis heute tun meinen Auserwählten (bibl.; OS 2, 169), so werde ich tun und zurückgeben in ihren Schoß (Jes. 65, 6f.)'. So spricht Gott der Herr: 22 'Nicht wird meine Rechte Schonung kennen über den Sündern noch wird mein Schwert ablassen über denen, die unschuldiges Blut auf Erden vergießen' .... 34 Siehe, Wolken von Osten und Norden bis hin nach dem Süden, und ihr Aussehen war sehr schrecklich, voll Zorn und Sturm. 35 Und sie werden aneinanderstoßen und gewaltiges Unwetter über die Erde ausgießen. Und das Blut von dem Schwerte wird reichen bis an den Bauch des Pferdes 36 und den Schenkel des Menschen und den Hinterbug des Kameles. Und viel Furcht und Zittern (bibl.) wird auf der Erde sein ... 40 Und aufsteigen werden große und starke Wolken voll Zorn und Unwetter, um die ganze Erde und ihre Bewohner zu vertilgen, und sie werden über alles Hohe und Erhabene schreckliches Unwetter ausschütten, 41 Feuer und Hagel und fliegende Schwerter (vgl. OS 3, 673) und viel Wasser, so daß alle Felder und alle Bachtäler von der Menge dieses Wassers erfüllt werden, 42 und sie werden vernichten Städte und Mauern und Berge und Hügel und die Bäume der Wälder (τὰ ξύλα τοῦ δρυμοῦ Ps. 95, 12; vgl. Jes. 7, 2) und das Heu der Wiesen und ihr Getreide. 43 Sie werden in éinem Laufe weiterströmen bis nach Babylon (vgl. oben Anm. 79) und es vertilgen. 44 Zu ihm werden sie zusammenströmen, es umfließen und all ihr Unwetter und ihren ganzen Zorn über ihm ausgießen, bis sie es von Grund auf vernichten. Da wird der Staub und der Rauch bis zum Himmel dringen (vgl. Apok. 18, 9; 19, 3. OS 8, 103; 14, 34), und alle ringsum werden es betrauern (Apok. 18, 9; oben Anm. 76). 45 Und die, welche dort verblieben sind, werden die Sklaven derer werden, die es zerstört haben (vgl. OS 3, 354f. [oben Anm. 20]). 46 Und du, Asien, die du teilhattest an der Pracht Babylons und der Ruhm warst seiner Macht, 47 wehe dir, du Elende (οὐαί σοι, vgl. Matth. 11, 21 [= Luk. 10, 13]. OS 3, 303. 319. 504 u. ö., bes. auch 8, 95; 14, 208). Denn du bist ihm gleich geworden, hast deine Töchter in Hurerei geschmückt (Töchter nach Weinel = Städte, vgl. OS 3, 324), damit du gefielest und dich rühmtest unter deinen Liebhabern, die deiner stets begehrten (s. etwa Hesek. 16, 15ff.; 23, 1ff.; vgl. auch OS 3, 356 [oben Anm. 20]). 48 Die verhaßte Hure (Apok. 17, 5; 19, 2) hast du nachgeahmt in allen ihren Werken und Begehungen (ἐν πᾶσιν τοῖς ἔργοις καὶ ἐν τοῖς ἐπιτηδεύμασιν Ps. 76, 13). Darum spricht Gott: 49 'Ich werde dir Unheil senden: Witwenschaft (Jes. 47, 9; vgl. OS 5, 169 [oben Anm. 77 S. 67]; 12, 227), Armut und Hunger und Schwert und Pest (Jer. 24, 10) zur Verwüstung deiner Häuser, zu Schändung und Tod. 50 Und die Herrlichkeit deiner Macht wird verwelken wie eine Blume (vgl. Jes. 40, 6; 1. Petr. 1, 24), wenn sich der Gluthauch erhebt, der wider dich entsandt ist. 51 Du wirst schwach werden (ἀσθενήσεις bibl.) und elend von den Schlägen und zerschlagen von den Striemen, so daß du deine Mächtigen und Liebhaber nicht aufnehmen kannst (vgl. Jer. 30, 14)' ... 16, 1 Wehe dir, Babylon und Asien, wehe dir, Ägypten und Syrien (s. oben zu 15, 47). 2 Umgürtet euch mit Säcken und härenem Tuch, beklagt eure Söhne und beweint sie (vgl. Jer. 4, 8), denn nahe ist eure Vertilgung. 3 Ausgeschickt ist gegen euch das Schwert, und wer ist, der es abwende? 4 Ausgeschickt ist gegen euch das Feuer, und wer ist, der es lösche (vgl. Jer. 4, 4; 21, 12)? 5 Ausgeschickt sind gegen euch Leiden, und wer ist, der sie vertreibe? 6 Kann einer den hungrigen Löwen im Walde vertreiben oder das Feuer löschen im Stroh, wenn es begonnen hat zu brennen? 7 Kann einer den Pfeil zurückschlagen, der von einem starken Schützen geschossen ist? 8 Gott der Herr schickt die Leiden, und wer möchte sie vertreiben (vgl. Jes. 14, 27)? ...«

84. Zu S. 22 Z. 30: Über die wahre Gerechtigkeit und ihren Unterschied von der Scheingerechtigkeit der Römer (vgl. oben Anm. 9) hat Laktanz im 5. und 6. Buch der Divinae Institutiones (CSEL 19) gehandelt. Seine Lehre, der später von Augustin eine ähnliche an die Seite gestellt wurde (Civ. Dei 19, 21. 24. 27), besagt, daß es Gerechtigkeit ohne die im christlichen Sinne verstandene Erkenntnis und Verehrung Gottes nicht gebe (5, 14, 9ff.; vgl. 5, 10, 14; noch bestimmter 5, 7, 2 *iustitia .. nihil aliut est quam dei unici pia et religiosa cultura;* vgl. 6, 5, 19 und die Epitome 51, 1). Was die alten Römer als ihre Gerechtigkeit gerühmt hätten, seien in Wirklichkeit vielmehr zweitrangige Tugenden gewesen, »die aus der Gerechtigkeit hervorgehen können und von der Quelle selbst sich abtrennen lassen« (5, 14, 10 *Romani veteres, qui iustitia gloriari solebant, iis utique virtutibus gloriabantur, quae .. proficisci a iustitia possunt et ab ipso fonte* [vgl. 6, 6, 2f.; 6, 7, 9] *secerni*). Die Grundlage für die Auseinandersetzungen des Laktanz sind auf weite Strecken Ciceros Erörterungen im 3. Buche der Schrift De re publica (5, 12, 5f.; bes. 5, 14, 3ff.; 16, 1ff.), aus denen 5, 16, 4 der Satz, daß die Römer zu ihren Hütten hätten zurückkehren müssen, wenn sie hätten gerecht sein wollen (oben S. 5), wörtlich angeführt wird (wiederholt Epitome 51, 3). Ohne nähere Kennzeichnung und in selbständiger Ausgestaltung verwertet Laktanz das von Cicero gebotene Gedankengut 6, 6, 19ff. (= De re publ. 3, 22, S. 90 Ziegl.) und 6, 9, 2ff. (= De re publ. 3, 20, S. 89).

6, 6, 19ff.: »Was sind die 'Vorteile des Vaterlandes' (Lucilius 1337 M) anderes als die Nachteile eines zweiten Staates oder Volkes, das heißt das Gebiet auszudehnen, indem man es anderen gewaltsam entreißt, das Reich zu mehren, die Staatseinkünfte zu vergrößern? Alles dieses sind ja nicht Tugenden, sondern es ist die Vernichtung von Tugenden. Vor allem nämlich wird die Verbundenheit der menschlichen Gesellschaft beseitigt, es wird beseitigt die Redlichkeit, die Achtung vor fremdem Gut, schließlich die Gerechtigkeit selbst. Denn diese kann die Zerreißung des Menschengeschlechtes nicht dulden, und wo immer auf der Welt die Waffen blitzen, muß sie notwendigerweise verjagt und verbannt werden. Wahr ist nämlich jenes Wort Ciceros (De off. 3, 28): 'Diejenigen, die erklären, daß man auf die eigenen Staatsangehörigen Rücksicht nehmen muß, nicht aber auf die fremden, zerstören die Gemeinschaft des Menschengeschlechtes, mit deren Beseitigung auch das Wohltun, die Freigiebigkeit, die Güte und die Gerechtigkeit von Grund auf beseitigt wird'. Denn wie könnte gerecht sein, wer schadet, wer haßt, wer raubt, wer tötet? Das alles aber tun die, welche ihrem Vaterlande zu nützen streben. Was nämlich jenes 'Nützen' selbst sei, wissen die nicht, die nichts für nützlich, nichts für vorteilhaft erachten außer dem, was sich in der Hand halten läßt. Aber eben dieses allein läßt sich nicht halten, weil es entrissen werden kann ...« 6, 9, 3ff.: »Weshalb ist in allen Völkern abweichendes und verschiedenes Recht geschaffen wenn nicht deswegen, weil ein jedes Volk das für sich festgesetzt hat, was es für sein Leben als nützlich betrachtete? Wie weit sich aber von der Gerechtigkeit der Nutzen entfernt, zeigt das römische Volk selbst, das durch seine von den Fetialen angesagten Kriege sowie dadurch, daß es gesetzmäßig Unrecht beging und immerfort fremdes Gut nahm und raubte, sich den Besitz des ganzen Erdkreises verschaffte. Aber sie halten sich für gerecht, wenn sie nur nichts gegen ihre eigenen Gesetze tun ... Werden sie deswegen gerecht sein, weil sie den Satzungen von Menschen gehorchen, die selbst entweder haben irren oder ungerecht sein können — wie jene Verfasser der Zwölf Tafeln — oder jedenfalls dem Nutzen des Staates nach den Zeitumständen gedient haben? Etwas anderes ist also das staatliche Recht, das nach den Sitten überall verschieden ist, etwas anderes die wahre Gerechtigkeit, welche einfach und in einheitlicher Gestalt Gott allen vor Augen gestellt hat. Wer aber Gott nicht kennt, kann notwendig auch die Gerechtigkeit nicht kennen.« — Die Fähigkeit, bei der Beurteilung einer kriegerischen oder politischen Handlung auf die Seite der Unterlegenen zu treten und von dort aus Gesichtspunkte für ein tieferes Verständnis zu gewinnen, ist — so wie sie sich unter der Wirkung des Karneades und wohl auch der romfeindlichen griechischen Geschichtschreibung (vgl. Fuchs [oben Anm. 20] 202 Anm. 2) entwickelt hatte — schon im vorchristlichen römischen Schrifttum mehrfach zu Worte gekommen (vgl. oben S. 15ff.). In der christlichen Welt weiß noch über Laktanz hinaus Orosius sich die Lage der Besiegten zu vergegenwärtigen. 5, 1, 3ff., CSEL 5 S. 276ff.: »Siehe, so glücklich Rom ist, wenn es siegt, so unglücklich ist, was sich außerhalb Roms befindet, wenn es besiegt wird. Wie hoch also soll man diesen Tropfen eines mühereichen Glücks bewerten, dem eine einzige Stadt ihr gesegnetes Leben verdankt, angesichts einer solchen Fülle von Unglück, das die Zerstörung des ganzen Erdkreises betreibt? Oder wenn man deswegen vom Glücke spricht, weil eines einzigen Staates Macht gemehrt ist, warum sollte man nicht lieber vom größten Unglück reden, da in erbarmungswürdiger Verwüstung vieler wohlgeordneter Völker die mächtigsten Reiche in Staub gesunken sind? Oder schien es vielleicht damals Karthago anders, als nach 120 Jahren, in denen es bald die Schrecken des Krieges, bald die Bedingungen des Friedens zu fürchten hatte und bald widersetzlich bald bittflehend Krieg um Frieden und Frieden um Krieg eintauschte, die unglücklichen Bürger am Ende sich in letzter Verzweiflung überall ins Feuer warfen und die ganze Stadt ein einziger Scheiterhaufen war? .. Es möge Spanien seine Meinung sagen: als es 200 Jahre hindurch überall das Land mit seinem Blute benetzte und einen frechen Feind, der es ohne Veranlassung Haus für Haus beunruhigte, weder zurückschlagen noch ertragen konnte, als sie in ihren verschiedenen Städten und Ortschaften, vom Morden der Kriege gebrochen, vom Hunger der Belagerungen entkräftet, ihre Frauen und Kinder töteten und als Mittel gegen das Unglück unglücklich gegeneinander stürzten und sich wechselseitig abschlachteten, — was dachten sie da über ihre Zeit? Italien selbst möge zum Schluß erklären: warum hat es 400 Jahre hindurch seinen Landsleuten, den Römern, widersprochen, sich entgegengestellt, im Kampfe widerstanden, wenn deren Glück nicht ihr Unglück war und die Tatsache, daß die Römer die Herrschaft erlangten, nicht dem Vorteil der Allgemeinheit widerstrebte?« 3, 20, 10ff., S. 184f.: »Wenn man von den Zeiten Alexanders meint, daß sie eher zu rühmen sind wegen der Tüchtigkeit, durch die der ganze Erdkreis bezwungen wurde, als zu verabscheuen wegen der Verwüstung, durch die der ganze Erdkreis zerstört worden ist, dann werden sich auch jetzt viele finden, welche die Gegenwart für rühmlich halten, weil sie viele Siege erfochten haben, und die das Unglück anderer für ihr eigenes Glück ansehen. Aber man wird einwenden: Hier handelt es sich um die Feinde des Römertums. Die Antwort wird lauten: So dachte auch damals der ganze Orient über Alexander, und so sind auch die Römer den anderen erschienen, als sie sich in ihren Kriegen gegen unbekannte und ruhige Völker wandten. 'Aber jene (die Römer) suchten Reiche zu gewinnen, diese (die gegenwärtigen Feinde der Römer) suchen sie zu zerstören'. Nicht dasselbe ist die Vernichtung, die der Feind vornimmt, und die Bewertung, die der Sieger vollzieht. Denn auch die Römer haben zuvor jene mit Krieg heimgesucht, denen sie später durch ihre Gesetze Ordnung brachten, und die gegenwärtigen Feinde beunruhigen nun noch, was sie später, wenn sie es bezwungen im Besitz hätten — was Gott verhüten möge —, auf ihre Art zu ordnen versuchen würden, wofür die Nachwelt sie als große Könige bezeichnen würde, während wir sie jetzt für die grausamsten Feinde halten.«

85. Zu S. 22 Z. 33: Gegen den Glauben an die römische Frömmigkeit (vgl. oben Anm. 9; s. auch Eugen Liesering, Untersuchungen zur Christenverfolgung des Kaisers Decius, Diss. Würzburg 1933, 45ff.) sind alle wesentlichen Beweisgründe schon von Minucius Felix, Octavius 25, CSEL 2 S. 35f. vorgebracht worden: das Zusammentreffen der Verbrecher im Asyl (vgl. oben Anm. 40), der Brudermord des Romulus (oben Anm. 46), der Raub der Sabinerinnen mit seinen Folgen und die ständigen Angriffskriege. »5 So ist alles, was die Römer besitzen, verehren und ihr eigen nennen, die Beute ihrer Verwegenheit. Alle Tempel stammen aus Beutestücken, das heißt aus der Vernichtung von Städten, aus der Beraubung von Göttern, aus dem Morde an Priestern. Hohn und Spott ist es, wenn sie den Religionen, die sie besiegt haben, dienen, wenn sie ihnen nach den Siegen in der Gefangenschaft Ehre erweisen. Denn die Verehrung dessen, was man sich mit der Faust angeeignet hat, bedeutet die Heiligung eines Verbrechens, nicht der Götter. Ebenso oft also haben die Römer gesündigt wie gesiegt, ebenso zahlreich sind die Beutestücke von den Göttern wie die Siegeszeichen über die Völker. Also sind die Römer nicht deswegen groß, weil sie gottesfürchtig sind, sondern weil sie sich straflos an den Göttern vergriffen haben«. Dieselben Sätze, in denen eine Nachwirkung von Ciceros Schrift De re publica mit Wahrscheinlichkeit zu vermuten ist, lauten in der harten Sprache Tertullians folgendermaßen (Apolog. 25, 14ff. [= Cicero, De re publ. 3, 20, S. 89 Ziegl.]; vgl. Ad nation. 2, 17, 14ff.): *quomodo ob religionem magni, quibus magnitudo de inreligiositate provenit? ni fallor enim, omne regnum vel imperium bellis quaeritur et victoriis propagatur. porro bella et victoriae captis et eversis plurimum urbibus constant. id negotium sine deorum iniuria non est; eadem strages et moenium et templorum, pares caedes* ⟨*et* fort. addend., cf. Ad nat. 2, 17, 15⟩ *civium et sacerdotum nec dissimiles rapinae sacrarum divitiarum et profanarum. tot igitur sacrilegia Romanorum quot tropaea, tot de deis quot de gentibus triumphi, tot manubiae quot manent adhuc simulacra captivorum deorum. et ab hostibus ergo suis sustinent adorari et illis 'imperium sine fine'* (Verg., Aen. 1, 279) *dederunt, quorum magis iniurias quam adulationes remunerasse debuerant. sed qui nihil sentiunt, tam impune laeduntur quam frustra coluntur. certe non potest fidei convenire, ut religionis meritis excrevisse videantur qui, ut suggessimus, religionem aut laedendo creverunt aut crescendo laeserunt.* Gerade von den Ereignissen der römischen Gründungsgeschichte wird gerne gegen die Römer Gebrauch gemacht. Die Aufzählung des Minucius, die ihrerseits vielleicht ebenfalls aus dem 3. Buche von Ciceros Staatsschrift stammt (vgl. Fuchs [oben Anm. 20] 166 Anm. 2), hat der Verfasser der Schrift Quod idola dei non sint 5, CSEL 3 S. 22 übernommen (über das Abhängigkeitsverhältnis richtig Diller, In Sachen Tertullian-Minucius Felix, Philologus 90, 1935, 100ff.), in der Haltung ist mit ihr verwandt die Zusammenstellung in dem Geschichtsabriß bei Orosius 2, 4, 2ff., CSEL 5 S. 88f., der selbst wiederum in Augustin, Civ. Dei 3, 6. 13ff. (vgl. 2, 17) ein Vorbild hatte (aus Augustin 3, 13, Bd. 1 S. 111, 5f. Domb. stammt die höhnende Wendung *Romulus .... Sabinas .. maritorum et parentum sanguine dotavit* bei Orosius § 2, S. 88, 7). Besonders beliebt ist stets der Vorwurf des Brudermordes gewesen; er begegnet mehrfach bei Augustin (Civ. Dei 2, 14, Bd. 1 S. 70, 24ff.; 3, 6, S. 102, 19ff.; 3, 12, S. 110, 24f.; 3, 14, S. 115, 28f.; vgl. 15, 5, Bd. 2 S. 64, 12ff., wo er mit dem Morde des Kain verglichen wird), wird von Leo dem Großen in seiner Rede auf Petrus und Paulus aufgegriffen (Serm. 82, 1, Migne 54 Sp. 422) und ist auch im Mittelalter lebendig geblieben (Schramm [oben Anm. 78] 1, 35. 243f.). Neben dem Brudermord steht das Asyl — wie schon bei Minucius und Orosius — in der Antwort, die Liutprand von Cremona dem Kaiser Nikephoros Phokas gab, als dieser, um seine Rechtsansprüche zu behaupten, in verletzender Weise die Langobarden von den Römern unterschied (Leg. 12. Schramm 1, 35. Pfeil [oben Anm. 78] 198f.): *Romulum fratricidam, ex quo et Romani dicti sunt, porniogenitum, hoc est ex adulterio natum chronographia innotuit asylumque sibi fecisse, in quo alieni aeris debitores, fugitivos servos, homicidas ac pro reatibus suis morte dignos suscepit multitudinemque quandam talium sibi ascivit, quos Romanos appellavit; ex qua nobilitate propagati sunt ipsi, quos vos kosmokratores, id est imperatores appellatis; quos nos, Langobardi scilicet, Saxones, Franci, Lotharingi, Bagaorii, Suevi, Burgundiones, tanto dedignamur, ut inimicos nostros commoti nil aliud contumeliarum nisi 'Romane'! dicamus, hoc solo, id est Romanorum nomine, quicquid ignobilitatis, quicquid timiditatis, quicquid avaritiae, quicquid luxuriae, quicquid mendacii, immo quicquid vitiorum est comprehendentes.* Zusammen mit dem Brudermorde und dem Asyl erwähnt der Kardinal Humbert (oben Anm. 79) auch noch die bedenkliche Abkunft der beiden Stadtgründer, die aus einer »unheiligen Priesterin und einem unbekannten Gottesfrevler« entsprossen seien (Schramm 2, 129 f.).

86. Zu S. 22 Z. 35: Der Ewigkeitsanspruch Roms (vgl. oben Anm. 21) konnte den Christen, welche in dem Bewußtsein der Begrenztheit alles Irdischen lebten, stets nur als Verirrung erscheinen, die in einer mangelnden Weite des Gesichtsfeldes ihren Grund hatte. Wie man selbst aus dem christlichen Zeitgefühl heraus die Welt und das Reich betrachtete, hat Juvencus in der Vorrede zu seiner Evangeliendichtung (CSEL 24) anschaulich in Worte gefaßt:

Immortale nihil mundi compage tenetur,
Non orbis, non regna hominum, non aurea Roma,
Non mare, non tellus, non ignea sidera caeli.
Nam statuit genitor rerum inrevocabile tempus,
Quo cunctum torrens rapiat flamma ultima mundum.

Solche allgemeinen Überzeugungen mußten sich durch die Gedanken von der ewigen Dauer des Reiches immer von neuem zum Widerspruch herausgefordert sehen. In derber Weise haben Hippolytos und Commodian die Antwort erteilt, jener mit dem Hohnruf des Jesaja 47, 1 ff. (oben S. 22), dieser in eigenen Versen, die in der Kraft wie auch in der selbstherrlichen Unbekümmertheit ihrer Sprache hinter dem Vorbild der Offenbarung des Johannes kaum zurückstehen (Carm. apolog. 921 ff., CSEL 15 S. 174 f.):

Haec quidem gaudebat, sed tota terra gemebat,
Vix tamen advenit illi retributio digna.
Luget in aeternum quae se iactabat aeterna,
Cuius et tyranni iam tunc iudicantur a Summo.
Stat tempus in finem fumante Roma maturum,
Et merces adveniet meritis partita locorum.

Während Commodian sich die johanneische Offenbarung in ihrer ganzen Gesinnung zu eigen macht, hat Hieronymus nur gelegentlich einmal mit einem Worte aus ihr den römischen Ewigkeitsanspruch gekennzeichnet. In seiner Antwort auf die Frage der Algasia, was das geheimnisvolle 2. Kapitel des 2. Thessalonicherbriefes (vgl. oben Anm. 82) zu bedeuten habe, sagt er (Epist. 121, 11, 11, CSEL 56 S. 54), daß Paulus hier auf den kommenden Untergang des Römischen Reiches hinweise, jedoch nur verhüllt reden könne, da er sich vor den Römern in acht nehmen müsse, die ihren Staat für ewig hielten. Gerade im Hinblick auf diese Anschauung spreche die Offenbarung von dem Namen der Lästerung auf der Stirn der purpurgekleideten Dirne (17, 3), der als der Name *Roma aeterna* zu verstehen sei. Die von Hieronymus vorgetragene Deutung des *nomen blasphemiae* hat der Verfasser ('Prosper') der Schrift De promissionibus et praedictionibus Dei übernommen (4, 7, 14, Migne 51 Sp. 843), so freilich, daß er eine andere Erklärung des Namens unausgeglichen mit ihr zusammenbringt: *aeterna cum dicitur quae temporalis est, utique nomen est blasphemiae, cum mortales, licet reges, in ea dicantur divi eisque supplices dicant: numini vestro, altaribus vestris, perennitati vestrae et cetera.* Sehr schonend ist die Auseinandersetzung mit den römischen Ewigkeitshoffnungen von Laktanz, Div. Inst. 7, 15, 11ff., CSEL 19 S. 632ff. geführt worden. Er bedauert offen, daß er den Untergang des Reiches voraussagen muß (vgl. oben Anm. 19 S. 32), und sucht seine Darlegungen dadurch annehmbar zu machen, daß er an die Alterseinteilung der römischen Geschichte erinnert, wie sie bei Seneca dem Vater (?) zu lesen war (7, 15, 14). Es ist beachtenswert, daß erst der Christ auch von dem Tode des römischen Volkes gesprochen hat, der auf das seit Augustus bestehende Greisenalter folgen werde; die Altgläubigen haben, wo sie die Lehre von den Altersstufen vortragen, über das Ende des Reiches zu reden stets vermieden (Seneca a. O. Florus 1 praef. 4ff. Hist. Aug. v. Cari 2; besonders auffällig Ammianus Marcellinus 14, 6, 3ff., der es mit der Erwähnung des Greisenalters vereinen kann, voll Stolz zu sagen, daß Rom leben werde, so lange es Menschen gebe). Als nach der Eroberung Roms durch Alarich im Jahre 410 das Ende wirklich gekommen zu sein schien, hat Augustin sich genötigt gesehen, die alten und gerade jetzt wieder zur Geltung gebrachten Ansprüche auf die Ewigkeit des Reiches erneut zurückzuweisen. »Siehe, sagt man, in christlicher Zeit geht Rom zugrunde. Vielleicht geht Rom nicht zugrunde. Vielleicht ist es geschlagen, nicht getötet; vielleicht ist es gezüchtigt, nicht vertilgt. Vielleicht geht Rom nicht zugrunde, sofern die Römer nicht zugrunde gehen. Nicht werden sie zugrunde gehen, wenn sie Gott loben, sie werden zugrunde gehen, wenn sie ihn schmähen. Rom: was ist es anders als die Römer? Nicht ist hier ja von Stein und Holz die Rede, von hohen Miethäusern und weiträumigen Mauern. Dieses war so geschaffen, daß es einmal fallen sollte. Da der Mensch baute, legte er einen Stein auf den anderen, und da der Mensch zerstörte, warf er einen Stein von dem anderen. Der Mensch hat dieses geschaffen, der Mensch hat dieses zerstört. Tut man Rom Unrecht, weil man sagt: es fällt? Nicht Rom, aber vielleicht seinem Erbauer. Tun wir seinem Gründer Unrecht, weil wir sagen: Rom stürzt, das Romulus gegründet hat? Die Welt wird brennen, die Gott geschaffen hat. Aber weder stürzt, was der Mensch geschaffen hat, zu anderer Zeit, als wann Gott es will, noch stürzt, was Gott geschaffen hat, zu anderer Zeit, als wann Gott es will. Wenn nämlich das Werk der Menschen nicht fällt ohne den Willen Gottes, wie *(quando = quomodo)* kann das Werk Gottes fallen durch den Willen des Menschen? Und doch hat Gott dir auch die Welt so geschaffen, daß sie fallen wird, und deswegen hat er dich so geschaffen, daß du sterben wirst. Der Mensch selbst, die Zierde des Staates, der Mensch, der Bewohner, Leiter und Lenker des Staates, ist so gekommen, daß er gehe, ist so geboren, daß er sterbe, ist so hineingetreten, daß er vergehe. Himmel und Erde werden vergehen (Marc. 13, 31 usw.), — wie also ist es zu verwundern, wenn einst die Stadt ein Ende hat? Und vielleicht ist nicht jetzt das Ende des Staates, — aber einmal wird doch das Ende des Staates sein ...« (Sermo 81, 9, Migne 38 Sp. 505). »Du sagst: Siehe, alles geht zugrunde in der christlichen Zeit. Was lärmst du? Nicht das hat mir Gott versprochen, daß dieses da nicht zugrunde gehen werde, — nicht das hat mir

Christus versprochen. Ewiges hat der Ewige versprochen. Wenn ich glaube, wird mir statt des Todes die Ewigkeit beschieden sein ... Es bleibt der Staat, der uns im Fleische gezeugt hat. Dank sei Gott. Möchte er nur auch im Geiste erschaffen werden und mit uns zur Ewigkeit hinüberschreiten. Wenn der Staat nicht bleibt, der uns im Fleische gezeugt hat, dann bleibt doch der, der uns im Geiste gezeugt hat ... Was erschrickst du, weil die irdischen Reiche vergehen? Deswegen ist dir das himmlische versprochen, daß du nicht mit den irdischen zugrunde gehest. Denn von jenen ist vorausgesagt, daß sie vergehen werden, — ja, es ist vorausgesagt. Denn nicht können wir leugnen, was vorausgesagt ist. Dein Herr, den du erwartet hast, hat dir gesagt: 'Es wird sich erheben Volk über Volk und Reich über Reich' (Marc. 13, 8). Es haben ihre Veränderungen die irdischen Reiche; es wird jener kommen, von dem gesagt ist: 'Und seines Reiches wird kein Ende sein' (Luk. 1, 33). Die solches irdischen Reichen versprochen haben, sind nicht von der Wahrheit geleitet, sondern haben aus Schmeichelei gelogen. Einer ihrer Dichter hat den Juppiter reden lassen, und er sagt von den Römern: *His ego nec metas rerum nec tempora pono, imperium sine fine dedi* (Verg., Aen. 1, 278f.; vgl. oben Anm. 85). Antwortet nicht folgendermaßen die Wahrheit: 'Dieses Reich, das du ohne Ende verliehen hast, o du, der du nichts verliehen hast, befindet es sich auf Erden oder im Himmel? Doch wohl auf Erden. Und wäre es auch im Himmel: Himmel und Erde werden vergehen (Marc. 13, 31 usw.). Es wird vergehen, was Gott selbst geschaffen hat, wieviel rascher, was Romulus gegründet hat!' Vielleicht würde Vergil, wenn wir ihn von hier aus angreifen und ihn schelten wollten, warum er dieses gesagt habe, zum Teil uns abwehren und uns sagen: 'Auch ich weiß es. Aber was sollte ich tun, der ich den Römern täuschende Worte darzubieten hatte, wenn ich nicht in dieser Schmeichelei etwas versprach, was falsch war? Und doch bin ich darin vorsichtig gewesen, da ich sagte 'eine Herrschaft ohne Ende habe ich gegeben'. Ihren Juppiter habe ich eingeführt, der dieses sagen sollte. Nicht in meinem eigenen Namen habe ich die Unwahrheit gesagt, sondern den Juppiter habe ich zum Sprecher dieser falschen Behauptung gemacht. So wie er ein falscher Gott war, so war er auch ein falscher Prophet. Wollt ihr wissen, daß ich dieses wußte? An einer anderen Stelle, als ich nicht den steinernen Juppiter reden ließ, sondern in meinem eigenen Namen sprach, sagte ich: *Non res Romanae perituraque regna* (Georg. 2, 498). Seht, daß ich von den Reichen sprach, die dem Untergange geweiht sind. Von Reichen, die dem Untergange geweiht sind, habe ich gesprochen, nicht habe ich geschwiegen.' Ehrlich hat er von den untergehenden Reichen nicht geschwiegen, schmeichelnd hat er ewig bestehende verheißen. Nicht also wollen wir ermatten, Brüder. Ein Ende werden alle irdischen Reiche haben. Ob jetzt das Ende da ist, sieht Gott. Vielleicht nämlich ist es noch nicht da, und aus Schwachheit oder Mitleid oder Leid wünschen wir, daß es noch nicht da sei. Wird es aber deswegen überhaupt nicht kommen?« (Sermo 105, 8ff., Migne 38 Sp. 621ff.; vgl. auch Sermo 296, 5ff., Migne 38 Sp. 1355ff.). Bei solcher Haltung gegenüber den Vorstellungen von der ewigen Dauer des Reiches war man folgerichtig genug, auch von dem christlichen Rom alle falschen Ansprüche fernzuhalten. So außerordentlich die Bedeutung war, welche Rom für die Kirche besaß, so hat diese doch bis zur Renaissance des 16. Jahrhunderts den alten festgewordenen Ehrennamen der *Roma aeterna* in ihre eigene Sprache nicht übernommen (Piper [oben Anm. 21] 55f. 66. Schramm [oben Anm. 78] 1, 30).

87. Zu S. 22 Z. 37: Zu den Anschauungen Augustins vgl. etwa Bolwin (oben Anm. 78) 78ff. Fuchs (oben Anm. 20) 164ff. Gustave Combès, La doctrine politique de St. Augustin, Thèse Bordeaux 1927, 209ff. 224ff. Gerosa, S. Agostino e l'imperialismo romano, Miscellanea Agostiniana a cura dell'ordine eremitano di S. Agostino 2, Rom 1931, 977ff. Norman H. Baynes, The political ideas of St. Augustine's De Civitate Dei, London 1936.

88. Zu S. 23 Z. 18: Das Machtstreben der Römer bezeichnet Augustin mit einem Ausdruck, den er bei Sallust, Catil. 2 gefunden hat (Civ. Dei 3, 14, Bd. 1 S. 114 Domb.), als *libido dominandi.* Schon im ersten Buche seines Werkes sagt er von dieser, daß sie *inter alia vitia generis humani meracior inerat universo populo Romano* (1, 30, S. 47).

89. Zu S. 23 Z. 19: Der riesigen Größe des Reiches sucht Augustin Civ. Dei 3, 10, Bd. 1 S. 106 Domb. jede Bedeutung abzusprechen: »Ist es bei den Körpern der Menschen nicht besser, mäßig groß und dabei gesund zu sein als unter ständigen Schwierigkeiten zu einem Riesenwuchs zu gelangen und, wenn man dahin gelangt ist, niemals Ruhe zu haben, sondern je größer die Glieder sind, desto größeren Belästigungen unterworfen zu sein?« Gleichartig sind die Ausführungen 4, 3, S. 149, wo ein Mensch, der in bescheidenen Verhältnissen rechtschaffen und glücklich lebt, einem anderen gegenübergestellt wird, der bei allem Reichtum doch weder innerlich noch äußerlich jemals Ruhe findet. Für sein Beweisverfahren scheint Augustin bei Cicero im 3. Buch von De re publica ein Vorbild gehabt zu haben (vgl. Fuchs 165 Anm. 2).

90. Zu S. 23 Z. 22: Das Wunschbild zahlreicher Kleinstaaten entwickelt Augustin Civ. Dei 4, 15, Bd. 1 S. 164 Domb.: »Die Bosheit derer, mit denen gerechte Kriege geführt worden sind, hat dem Reich zu seinem Wachstum verholfen, denn es wäre ja noch klein, wenn ruhige und gerechte Nachbarn durch kein Unrecht zum Kriege gegen sich herausfordern würden und wenn so zum Glück für die Welt alle Staaten klein wären und froh in einträchtigem Nebeneinander lebten und wenn es derart in der Welt zahlreiche Staaten der Völker gäbe, so wie es in einer Stadt zahlreiche Häuser der Bürger gibt. Denn Krieg zu führen und durch Unterwerfung der Völker das Reich zu erweitern, erscheint den Bösen als Glück, den Guten als Zwang. Aber weil es schlimmer wäre, wenn die Ungerechten über die Gerechten herrschten, so nennt man nicht unpassend auch jenes ein Glück. Jedoch ist es ohne Zweifel ein größeres Glück, in Eintracht mit einem guten Nachbarn zu leben als im Kriege einen bösen Nachbarn zu unterwerfen.« Für Augustin, der bei der Beurteilung politischer Tatsachen stets nur nach Recht und Unrecht fragt, besitzt der Kleinstaat, wie man sieht, nicht zuletzt auch darum einen Wert, weil er durch seinen Bestand die Rechtlichkeit seiner Bürger beweist, die bei entgegengesetztem Verhalten von dem überlegenen und der Herrschaft würdigeren Nachbarstaate bezwungen worden wären. Dementsprechend hätte Augustin auch gegen einen Großstaat nicht notwendig Bedenken, sofern sich dieser ohne ungerechte Handlungen verwirklichen ließe. »Denn was das Leben der Sterblichen betrifft, das in wenigen Tagen dahinläuft und endet, so ist es gleichgültig, unter wessen Herrschaft der dem Tode verfallene Mensch lebt, wenn nur die Herrschenden nicht zu unfrommen und ungerechten Handlungen zwingen. Oder haben etwa die Römer irgendwie den Völkern geschadet, die sie unterworfen und denen sie ihre Gesetze auferlegt haben, abgesehen davon, daß dieses unter ungeheurem Kriegselend geschehen ist? . . Denn auch die Römer lebten unter den Gesetzen, die sie den übrigen auferlegten. Geschähe dieses ohne Mars und Bellona, so daß auch die Victoria keinen Platz hätte, da niemand siegte, wo niemand kämpfte: wäre dann nicht die Lage der Römer und die der übrigen Völker eine und dieselbe?« (Civ. Dei 5, 17, Bd. 1 S. 221f.). Es ist aber bezeichnend, daß Augustin sich nach diesen Worten doch gleich wieder gegen das römische Großreich wendet. »Was es für die Redlichkeit und die Sittlichkeit, die wahren Würden der Menschen, bedeutet, daß die einen gesiegt haben, die andern besiegt sind, vermag ich überhaupt nicht einzusehen, wenn man jenen leeren Stolz des menschlichen Ruhmes beiseite läßt, in dem die ihren Lohn erhalten haben, die in ungeheurem Verlangen nach ihm entbrannt sind und Kriegsbrände entzündeten. Zahlen etwa ihre Gebiete keine Steuern? Dürfen sie lernen, was andere nicht dürfen? Gibt es nicht viele Senatoren in anderen Ländern, die Rom nicht einmal vom Sehen kennen? Tu die Prahlerei fort, und alle Menschen — was sind sie anderes als Menschen.«

91. Zu S. 23 Z. 25: Über den Sinn der römischen Geschichte, in der die heldenmütigen Taten eines beispiellosen Ruhmverlangens selber ihren Lohn fanden und gleichzeitig für das nach höheren Werten strebende Ringen der Christen als Vorbild und Ansporn dienten, hat Augustin in ausführlicher Darlegung Civ. Dei 5, 12ff., bes. 15. 16. 18 gehandelt. Andeutungen dieser Gedanken begegnen auch Civ. Dei 1, 24, S. 39, 24ff. Epist. 138, 17, CSEL 44 S. 144f. Der Lehre Augustins folgt Orosius 4, 6, 41, CSEL 5 S. 224f.

92. Zu S. 23 Z. 34: Zur Beurteilung des Reichsfriedens durch die Christen vgl. etwa Bolwin 49ff. Fuchs 162ff. Peterson (oben Anm. 81 S. 76) 63ff.

93. Zu S. 23 Z. 35: Daß Augustin die christlichen Gedanken über die Bedeutung des Reichsfriedens und dessen Begründung gerade zur Zeit von Christi Geburt nicht zufällig unberücksichtigt gelassen hat, ergibt sich einwandfrei aus den beiden Stellen Civ. Dei. 18, 22 und 18, 46, wo die Gelegenheit, in der schon herkömmlich gewordenen Weise über den Frieden zu sprechen, offenbar absichtlich nicht benutzt wird. 18, 46, Bd. 2 S. 328 Domb. heißt es nur eben andeutend, daß Christus geboren sei *imperante Caesare Augusto et per eum orbe pacato,* 18, 22, S. 284 wird nicht mehr gesagt, als daß Rom das zweite Babylon sei (vgl. oben Anm. 79), *per quam Deo placuit orbem debellare* (Verg., Aen. 6, 853) *terrarum et in unam societatem rei publicae legumque perductum longe lateque pacare.* Auch im 5. Buche, das von der Bestimmung des Römerreiches und dem Sinn der römischen Geschichte handelt (vgl. oben Anm. 91), fehlt jeder Hinweis auf die Beziehungen zwischen dem Christentum und dem Reichsfrieden (richtig schon Bolwin 83). Einem besonderen Zwecke dient es, wenn der greise Augustin, wo er sich aus dem Lebensgefühl seines Alters gegen Varros Schrift De philosophia wendet, jedes Lob des römischen Friedens, so wie es Varro ausgesprochen hatte (Fuchs 11ff.), als unberechtigt zu erweisen sucht. Varro hatte hervorgehoben, daß in der befriedeten Einheit des Römischen Reiches eine allgemeine sprachliche Verständigungsmöglichkeit geschaffen sei (vgl. Plin., Nat. Hist. 3, 39). »Das ist richtig«, antwortet Augustin (Civ. Dei 19, 7, Bd. 2 S. 366f.); »aber durch wie viele und wie große Kriege, durch welche Opfer an Menschenleben, welche Ströme von Menschenblut ist das zuwege gebracht? Und doch war danach das Elend dieser Plagen nicht zu Ende. Denn obwohl fremde Völker als Feinde weder gefehlt haben noch fehlen und stets mit ihnen Kriege geführt worden sind und geführt werden, so ließ doch gerade die Größe des Reiches schlimmere Kriege entstehen, solche mit den Bundesgenossen und den eigenen Bürgern, — Kriege, die das Menschengeschlecht noch elender leiden lassen, sei es daß man Krieg führt, damit diese Kriege einmal aufhören, sei es daß man fürchtet, sie möchten von neuem ausbrechen. Wenn ich die vielen und vielfältigen Schläge, die harte und grausige Not dieser Leiden nach Gebühr schildern wollte, so wenig ich es auch angemessen vermöchte, — wo würde die überlange Darlegung ein Ende finden?« (s. auch die Fortsetzung, in der die Gedanken von 4, 15 [oben Anm. 90] aufgenommen und weitergeführt werden; dazu auch 19, 15).

Nachträge

Zu Anm. 1 (S. 27): Das Wort von der ἐπιτομὴ τῆς οἰκουμένης, das Polemon für Rom geprägt hat, ist später auf Paris übertragen worden. Der Basler Thomas Platter der Jüngere schreibt 1605 von der französischen Hauptstadt, es wohne in ihr »so mechtig viel volck«, »daß man sie nicht unbillich ein kleine welt (compendium mundi) ... nennen kan« (Bd. 2 S. 476v seiner Reiseschilderung in der vorläufig noch unveröffentlichten Handschrift der Universitätsbibliothek zu Basel; s. auch Gernentz 49 Anm. 2).

Zu Anm. 6 (S. 28): Von dem φιλόπονον und ἐλευθέριον der Römer scheinen auch die Alexanderhistoriker Aristos und Asklepiades oder jedenfalls der zweite von diesen gesprochen zu haben (Arrian, Anab. 7, 15, 5 = FGrHist 143 F 2; dazu Jacobys Kommentar).

Zu Anm. 9 (S. 28): Mit der Selbstauffassung der Römer hat sich bereits um 1900 der französische Abbé Louis Dedouvres in seiner Vorlesung Les Latins peints par eux-mêmes beschäftigt (Paris, A. Picard et Fils, 1903). Die liebenswürdigen Darlegungen des kenntnisreichen Verfassers haben trotz manchen Schwächen und einigen Lücken — die unter anderem gerade auch die römische Frömmigkeit und Gerechtigkeit betreffen — gewiß eine stärkere Beachtung und freundlichere Anerkennung verdient, als ihnen bisher zuteil geworden ist.

Zu Anm. 24 (S. 37): Daß der Bestand des Reiches nur dann gesichert sei, wenn die innere Zerrissenheit überwunden werde, hat fast zwanzig Jahre vor Sallust schon Cicero Pro Rabir. 33 ausgesprochen. Aber während sich Sallust das Ende des Reiches vergegenwärtigt, redet Cicero vielmehr — und zwar als erster (Gernentz [oben Anm. 1] 40) — von dessen ewiger Dauer: *nullus est reliquus rex, nulla gens, nulla natio quam pertimescatis; nullum adventicium, nullum extraneum malum est quod insinuare in hanc rem publicam possit. si immortalem hanc civitatem esse voltis, si aeternum hoc imperium, si gloriam sempiternam manere,* *nobis a nostris cupiditatibus, a turbulentis hominibus atque rerum novarum cupidis, ab intestinis malis, a domesticis consiliis est cavendum.*

Zu Anm. 40 (S. 42): Die Gefahren, die sich aus der allzu großen Sorglosigkeit in der Aufnahme von Neubürgern ergaben, sind auch den Römern selbst nicht verborgen geblieben. Augustus hat sie zu bekämpfen versucht. Sueton, Augustus 40, 3 *magni . . . existimans sincerum atque ab omni colluvione peregrini sanguinis incorruptum servare populum, et civitates Romanas parcissime dedit et manumittendi modum terminavit*; vgl. Dio Cass. 56, 33, 3. Dazu Oppermann, Die Bevölkerungspolitik d. Augustus, Neue Jahrbücher f. Wissensch. u. Jugendbildg. 12, 1936, 122f. Wilh. Weber, Princeps 1, Stuttgart 1936, 67ff.

Zu Anm. 59 (S. 49): Nicht mit Recht wird von Ussani, Concezioni e immaginazioni di Roma nelle letterature antiche, Annuario R. Univers. Pisa 1923/24, 28ff. Plutarchs Schrift De fortuna Romanorum als ein Erzeugnis des griechischen Widerstandes gegen Rom aufgefaßt. Plutarch hat in diesem jugendlichen Gedankenspiel über Glück und Tüchtigkeit der Römer (vgl. oben Anm. 41; dazu Ussani 29f.) deutlich genug zutage treten lassen, daß es nirgends seine Absicht war, die römischen Leistungen herabzusetzen; ein Widerspruch zu seiner späteren Haltung in den Lebensbeschreibungen (Ussani 29) besteht also nicht. Immerhin wird man erwägen dürfen, ob er sich in seiner Beweisführung gelegentlich vielleicht von romfeindlichen Erörterungen über das Glück der Römer (vgl. oben Anm. 40; s. auch Schnayder, Archiwum [oben Anm. 2] 46ff.) hat anregen lassen (z. B. c. 8 über Romulus, c. 13 über Alexander d. Gr. [vgl. oben Anm. 37]).

Zu Anm. 70 (S. 57): Ein neues Stück der alexandrinischen Märtyrerakten, in dem über wirtschaftliche Ungerechtigkeiten Klage geführt und dem Kaiser (Commodus) unzulässige Bereicherung vorgeworfen wird, veröffentlicht C. B. Welles, Transact. a. Proceed. Americ. Philolog. Assoc. 67, 1936, 7ff.

Zu Anm. 85 (S. 86): Romulus begegnet als Brudermörder und Frauenräuber auch bei Tertullian, Ad nation. 2, 9, 19: *sane Romulus et fratrem interfecit et virgines dolo rapuit. ideo deus, ideo Quirinus est, quia tunc parentibus quiritatum est per illum.*

SEITENNACHWEIS

1. Namen und Sachen

2. Stellen

FSC
www.fsc.org
MIX
Papier | Fördert
gute Waldnutzung
FSC® C083411

Kolibri 360 GmbH
Ferdinand-Jühlke-Straße 7
99095 Erfurt, Deutschland
produktsicherheit@kolibri360.de